CAMGYMERIAD CYNTAF EINSTEIN

Cyfnod amser

Evgeni Bantutov

ЕДБ

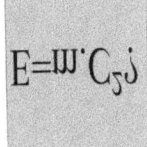

Copyright © 2o22 Evgeni Bantutov

All rights reserved

The characters and events portrayed in this book are fictitious. Any similarity to real persons, living or dead, is coincidental and not intended by the author.

No part of this book may be reproduced, or stored in a retrieval system, or transmitted in any form or by any means, electronic, mechanical, photocopying, recording, or otherwise, without express written permission of the publisher.

Cover design by: ЕДБ

CONTENTS

Title Page
Copyright
1. Rhagymadrodd   1
2. Rhagymadrodd   2
3. Disgrifiad o'r broblem   3
4. Ateb i'r broblem   56
5. Dadansoddiad 02.02.2022.   62
6 Dadansoddiad 22022022   68
7. Diffiniad amgylchedd   70
8. Esboniadau i'r amgylchedd diffiniad.   71
9. Diweddglo   77

1. RHAGYMADRODD

Teitl y llyfr hwn yw Camgymeriad Cyntaf Einstein. Fe'i cynlluniwyd fel ail argraffiad a fersiwn estynedig o'r llyfr "Einstein's Mistake". Mae rhannau sylweddol o'r prif destun wedi'u golygu, ac mae tair pennod newydd wedi'u hychwanegu.

2. RHAGYMADRODD

Crëwyd Theori Perthnasedd Arbennig gan Albert Einstein. Mae'n ddamcaniaeth o amser, gofod a mudiant.

Wrth greu Theori Perthnasedd Arbennig, defnyddiodd Einstein glociau sy'n mesur amser.

Rhaid i'r clociau hyn redeg yn gydamserol. Er mwyn iddynt weithio'n gydamserol, mae angen eu cydamseru ymlaen llaw. Mae cysoni clociau bob amser yn cael ei wneud trwy ddull i wirio gweithrediad cydamserol clociau.

Mae'r dull a ddefnyddir gan Albert Einstein yn amhosibl. Pan fydd dull Albert Einstein yn amhosibl, yna mae Perthnasedd Arbennig hefyd yn amhosibl.

Dyma beth fyddwn ni'n ei ddangos yn y llyfr hwn.

Mae llawer o ffigurau yn y llyfr. Trwy'r ffigurau, mae'n hawdd dangos ac esbonio dull Albert Einstein o wirio gweithrediad cydamserol clociau.

Pan fydd ffigurau, mae darllenwyr nad oes ganddynt addysg arbennig mewn ffiseg yn deall ar unwaith beth oedd camgymeriad Albert Einstein.

Mae'r llyfr yn cael ei wneud yn eithaf bwriadol, ar gyfer pobl nad ydynt yn arbenigwyr mewn ffiseg, ond sy'n hoffi meddwl, dadansoddi a chwilio am atebion i gwestiynau corfforol diddorol a dirgelion naturiol.

3. DISGRIFIAD O'R BROBLEM

Yn 1905, yr erthygl " Zur elek $_t$ rodynamik symudwr Kö rper " Annalen _ der Physik 1905 17, 891-921).

Mae'r awdur yn ifanc iawn, a'i enw yw Albert Einstein. Ar ôl yr erthygl hon, daeth yn ymchwilydd byd enwog.

Mae'r erthygl yn cynnwys cyflwyniad, dwy ran a deg paragraff. Dywedir y pethau pwysicaf yn nhair tudalen gyntaf yr erthygl. Yn yr ychydig dudalennau hyn, dangosir y syniadau sy'n sail i'r Ddamcaniaeth Arbennig o Berthnasedd. Mae'r syniadau hyn yn destun beirniadaeth ddifrifol a gellir eu gwrthwynebu.

Mae'r prif wrthwynebiad yn erbyn dull Albert Einstein o gydamseru clociau.

Dyma beth mae Einstein yn ei ddweud:

Os yw cloc wedi'i leoli ar bwynt yn y gofod, yna A gall yr arsylwr sydd wedi'i leoli ynddo bennu amser digwyddiadau yn uniongyrchol yn A. Trwy ofyn am gyd-ddigwyddiad yr un pryd â'r digwyddiadau hyn lleoliad dwylo'r cloc. Os B oes cloc ar bwynt arall yn y gofod hefyd, - gallwn ychwanegu, "cloc gyda'r un ddyfais yn union â'r un sydd wedi'i leoli yn A, - yna mae'n dal yn bosibl pennu amser digwyddiadau yn yr ardal gyfagos, o'r un wedi ei leoli yn y B sylwedydd.

Heb dybiaeth ychwanegol, fodd bynnag, nid yw'n bosibl cymharu mewn amser, digwyddiad mewn A, â digwyddiad mewn B; hyd yn hyn rydym wedi diffinio "amser A" ac "amser

$B"$, ond nid y cyffredinol, ar gyfer A ac B "amser".

Gallwn wneud yr olaf trwy dybio trwy ddiffiniad fod yr amser y mae'n ei gymryd i oleuni gyrraedd o A i B yn hafal i'r amser y mae'n ei gymryd i gyrraedd o B i A. Gadewch iddo fod yn union ar amrantiad t_A o'i gymharu ag amser A, mae pelydr golau yn cael ei gyfeirio o A i B, ar amrantiad t_B o'i gymharu ag amser B, mae'n cael ei adlewyrchu o B i A, ac ar amrantiad t'_A o'i gymharu ag "amser A", mae'n dychwelyd yn ôl i A. Yn ôl diffiniad, mae dau gloc yn cael eu cydamseru os:

$$t_B - t_A = t'_A - t_B$$

Dyma'r testun y mae Albert Einstein yn dangos ei ddull o gydamseru dau gloc, ac yn profi bod y ddau gloc hyn yn gweithio mewn cydamseriad. Mae dull Einstein yn hawdd ei egluro a'i ddeall trwy ddefnyddio enghraifft rifiadol.

Er enghraifft, mae arsylwr A yn anfon pwls ysgafn am wyth o'r gloch y bore. Mae wyth o'r gloch yn foment mewn amser t_A.

$$t_A = 8$$

Os yw'r ddau gloc wedi'u cydamseru, dylai cloc yr arsylwr B hefyd ddarllen wyth o'r gloch.

Mae dechrau'r pwls golau yn cyrraedd pwynt B, ac yna mae cloc yr arsylwr sydd wedi'i leoli ar bwynt B, yn dangos deg o'r gloch. Mae deg o'r gloch yn foment o amser t_B

$$t_B = 10$$

Os yw'r ddau gloc wedi'u cydamseru, dylai cloc yr arsylwr A hefyd ddarllen deg o'r gloch.

Mae'r pelydryn yn cael ei adlewyrchu o bwynt B, ac yn dychwelyd i sylwedydd A am ddeuddeg o'r gloch. Mae deuddeg o'r gloch yn foment o amser t'_A.

$$t'_A = 12$$

dylai'r cloc ar y pwynt , hefyd ddangos deuddeg o'r gloch. B

Mae'r pwls ysgafn, yn teithio'r pellter o A i B mewn dwy awr, ac yn teithio'r pellter o chwith, o B i A, eto mewn dwy awr.

Yn ôl diffiniad Einstein, mae dau gloc yn cael eu cydamseru os:

$$t_B - t_A = t'_A - t_B$$

Yn fformiwla Einstein, rydyn ni'n disodli eiliadau amser gyda'u gwerthoedd rhifiadol, ac yn cael y mynegiant:

10-8=12-10

Fe'i ceir:

2=2.

Mae'r cydraddoldeb yn wir, felly mae'r clociau wedi'u cydamseru. Mae popeth yn syml iawn ac mae'r darllenydd yn argyhoeddedig bod unrhyw sylwadau yn ddiangen.

Yn anffodus, nid yw hyn yn wir.

Nawr byddwch chi a minnau, annwyl ddarllenydd, yn dadansoddi dull Albert Einstein yn ofalus.

Dywed Albert Einstein y canlynol:

Gadewch iddo fod yn union ar foment t_A o'i gymharu ag "amser A" y mae pelydr golau yn cael ei gyfeirio o A i B, ar eiliad t_B o'i gymharu ag "amser B", mae'n cael ei adlewyrchu o B i A, ac ar eiliad t'_A o'i gymharu ag "amser A", mae'n dychwelyd yn ôl i A.

O'r hyn a ddywedwyd, mae'n dilyn pan fydd y pelydryn yn cyrraedd pwynt B, rhaid iddo adlewyrchu o bwynt B, a dechrau symud i'r cyfeiriad arall, i bwynt A. Ni esboniodd Albert Einstein sut mae pelydryn golau yn cael ei adlewyrchu. Ni ddangosodd Einstein ffordd benodol y byddai'r golau yn adlewyrchu ac yn dechrau symud o bwynt B i bwynt A.

Gwyddom i gyd mai'r ffordd hawsaf o adlewyrchu golau yw trwy ddrych.

Er enghraifft, yn yr erthygl gan G. B. Malinin ("Ar y posibiliadau o brofi arbrofol yr ail ragdybiaeth o ddamcaniaeth arbennig o berthnasedd" Uspekhi fiziziknih Nauk, 2004, cyfrol

174.) mae'n ysgrifenedig bod adlewyrchiad golau yn cael ei wneud gan a drych.

Felly, rydym hefyd yn penderfynu defnyddio drych. At y diben hwn, rydym yn gosod drych ar bwynt B. Mae arwyneb adlewyrchol y drych wedi'i gyfeirio at y pwynt A.

I'w wneud yn gwbl glir, gweler Ffigur 1.

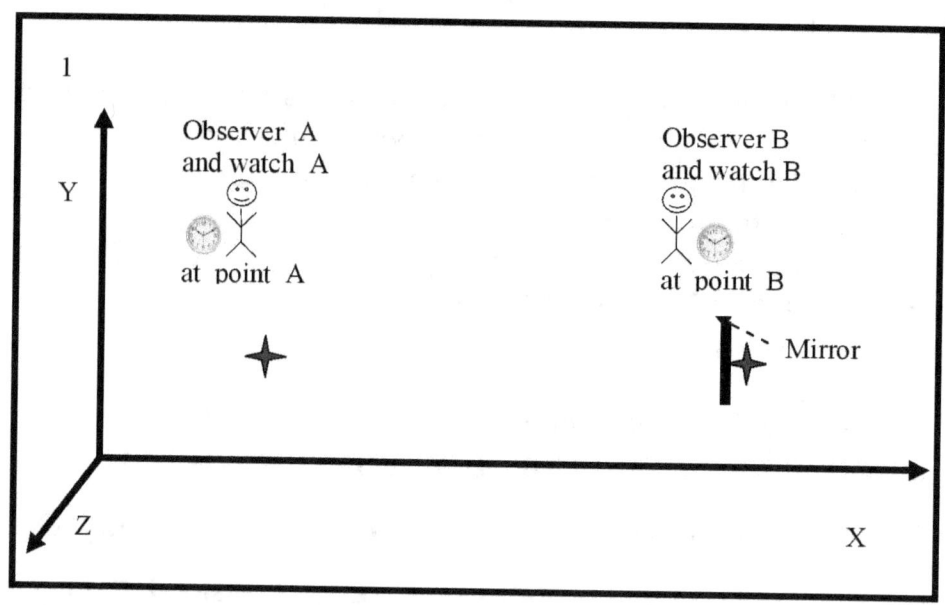

Mae Ffigur 1 yn dangos:

Cydlynu system XYZ.

Man A lle lleolir arsylwr A y darperir oriawr iddo A.

Man B lle lleolir arsylwr B y darperir oriawr iddo B. Gosodir drych o flaen pwynt B, a all adlewyrchu pelydr golau.

Mae dot A, a dot B wedi'u marcio â'r symbol " ✝ ".

Mae'r clociau ar ddot A a dot B yr un peth. Pan fydd y clociau yr un peth, tybir eu bod yn mesur yr un amser.

arsylwr A yn gwybod sut mae dwylo cloc arsylwr yn symud B.

I'r gwrthwyneb, nid yw arsylwr B yn gwybod sut mae dwylo cloc arsylwr yn symud A. Rhaid cysoni'r clociau.

Cynigiodd Albert Einstein gydamseru symudiad dwylo'r ddau gloc trwy ddefnyddio pelydr golau. Mae dull Albert Einstein yn dweud bod arsylwr A yn anfon pelydryn o olau at arsylwr B. Gellir defnyddio laser.

Gweler Ffigur 2.

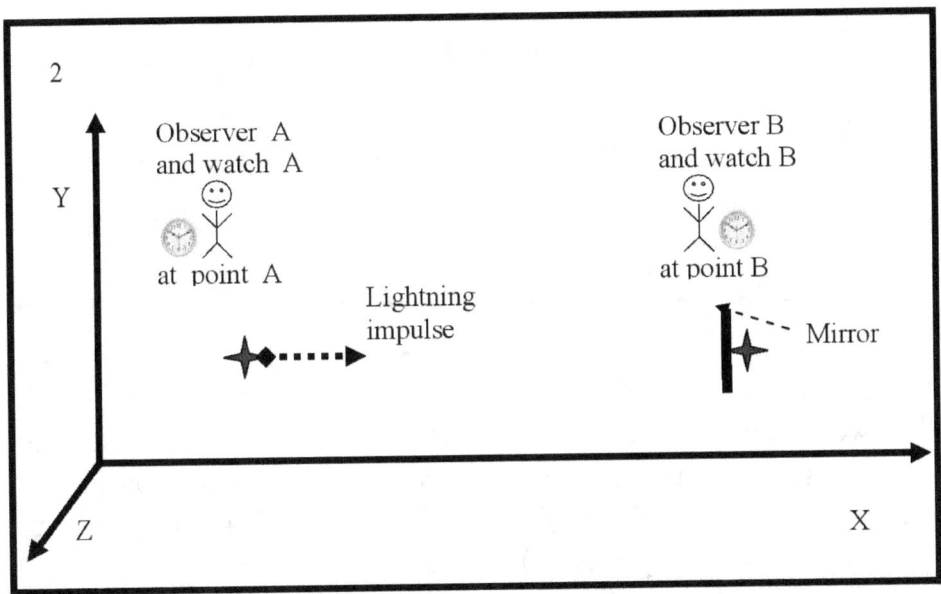

Mae Ffigur 2 yn dangos pwls golau laser.

Mae gan guriad ysgafn ddechrau a diwedd. Mae ymddangosiad dechrau'r pwls golau yn ddigwyddiad sy'n digwydd ar hyn o bryd t_A. Mae'r sylwedydd A yn pennu'r foment mewn amser t_A trwy ei oriawr, sydd wedi'i lleoli yng nghyffiniau pwynt A. Mae'r sylwedydd ar bwynt A yn cofio bod y digwyddiad "ymddangosiad dechrau'r pwls golau" wedi digwydd ar adeg benodol t_A.

Mae'r pwls golau yn dechrau symud tuag at yr arsylwr sydd wedi'i leoli yn y man B.

Gweler ffigur 3.

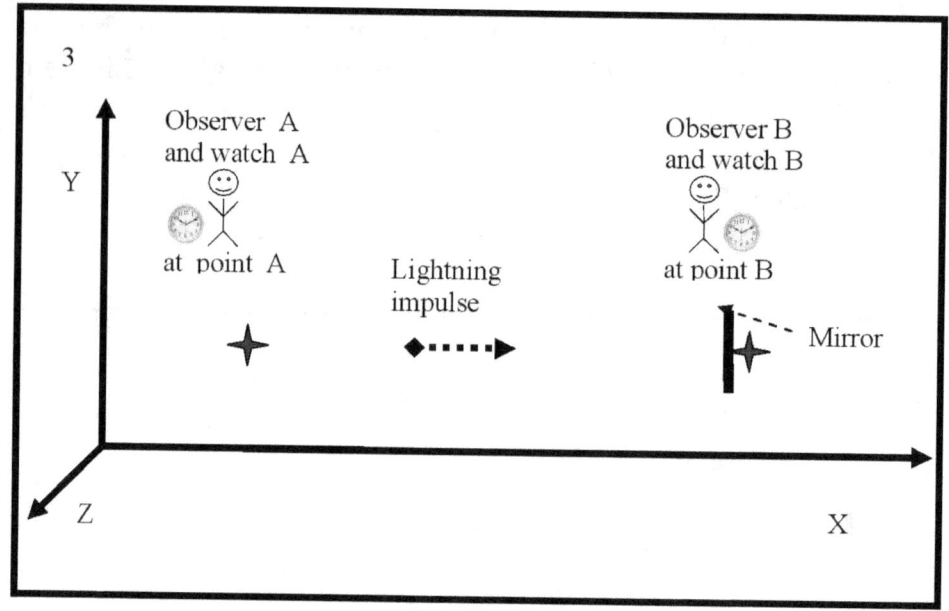

Mae Ffigur 3 yn dangos bod y pwls golau yn gorwedd rhywle rhwng pwynt A a phwynt B.

yr arsylwr sydd wedi'i leoli ar bwynt A, arsylwi symudiad y pelydr golau. Ond, mae'r arsylwr sydd wedi'i leoli ar bwynt A, yn gwybod (mae ganddo wybodaeth) bod y pelydr golau yn symud tuag at yr arsylwr sydd wedi'i leoli ar bwynt B, ac y bydd y pelydr golau yn adlewyrchu o'r drych (sydd wedi'i leoli yn y pwynt B), a bydd yn dychwelyd yn ôl i bwyntio A.

Mae'r sylwedydd ar y pwynt A, yn gwylio darlleniadau ei oriawr yn ofalus, ac yn aros i'r pelydryn golau ddychwelyd, yn ôl i'r pwynt A.

Mae'r pwls golau yn cyrraedd y pwynt B.
Gweler Ffigur 4.

CAMGYMERIAD CYNTAF EINSTEIN

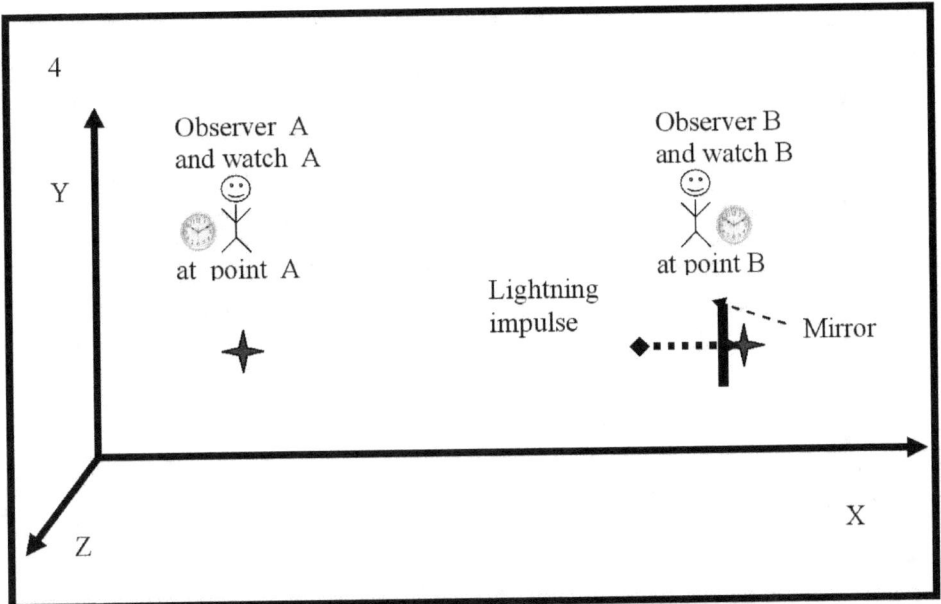

Mae Ffigur 4 yn dangos bod yr arsylwr ar bwynt B yn sylwi ar ddyfodiad y pwls golau ac yn ei weld yn cael ei adlewyrchu gan y drych. Mae dyfodiad y pelydr golau ar bwynt B ac adlewyrchiad y pelydr golau o'r drych yn ddau ddigwyddiad sy'n digwydd ar yr un foment mewn amser t_B.

Gweler ffigur 5.

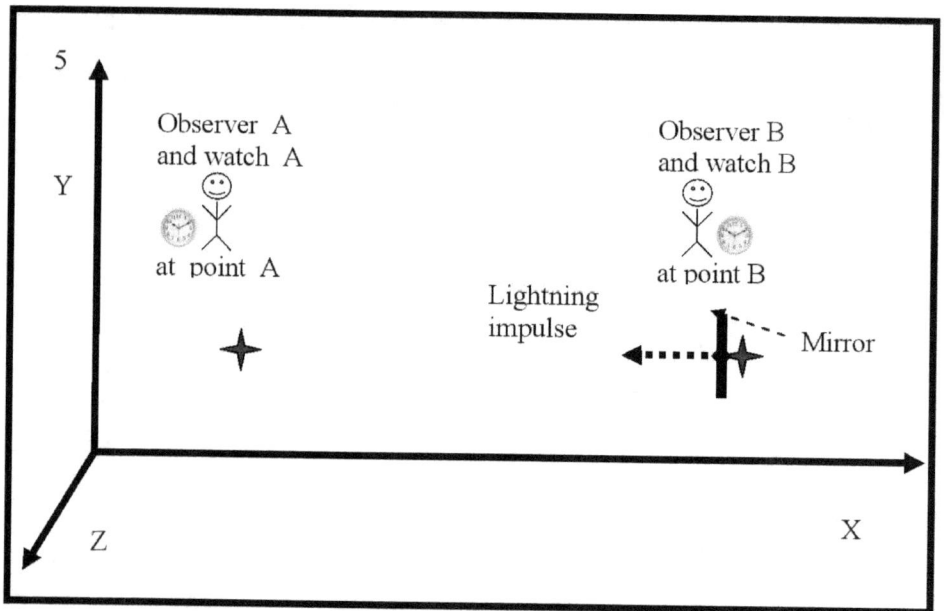

Mae Ffigur 5 yn dangos dyfodiad ac adlewyrchiad y pwls golau. Mae'r sylwedydd ar bwynt B yn nodi bod y ddau ddigwyddiad hyn, cyrraedd a myfyrio, yn digwydd ar yr un pryd mewn amser t_B. Mae'r eiliad o amser t_B yn cael ei gofnodi gan ddarlleniadau dwylo'r cloc, yr arsylwr ar y pwynt B. Mae'r sylwedydd, sydd wedi'i leoli ar bwynt B, yn cofio bod dyfodiad ac adlewyrchiad y pelydryn golau yn digwydd ar hyn o bryd t_B.

Mae'r pwls golau yn cael ei adlewyrchu o'r drych ac yn teithio yn ôl i fan A lle mae'r arsylwr wedi'i leoli A.

Gweler ffigur 6.

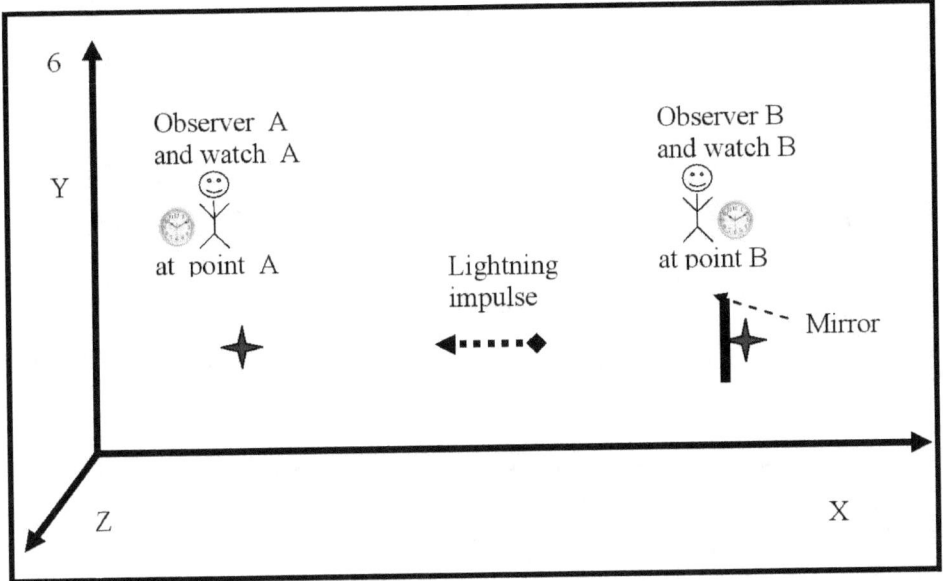

Mae Ffigur 6 yn dangos bod y pwls golau wedi'i leoli rhywle rhwng pwynt A, a phwynt B. Ni all yr arsylwr ar y pwynt A, a'r sylwedydd ar y pwynt B, arsylwi symudiad y pwls golau, ond maent yn gwybod bod y pwls yn symud o bwynt B i bwynt A

Mae'r pwls golau yn cyrraedd y pwynt A.

Gweler ffigur 7.

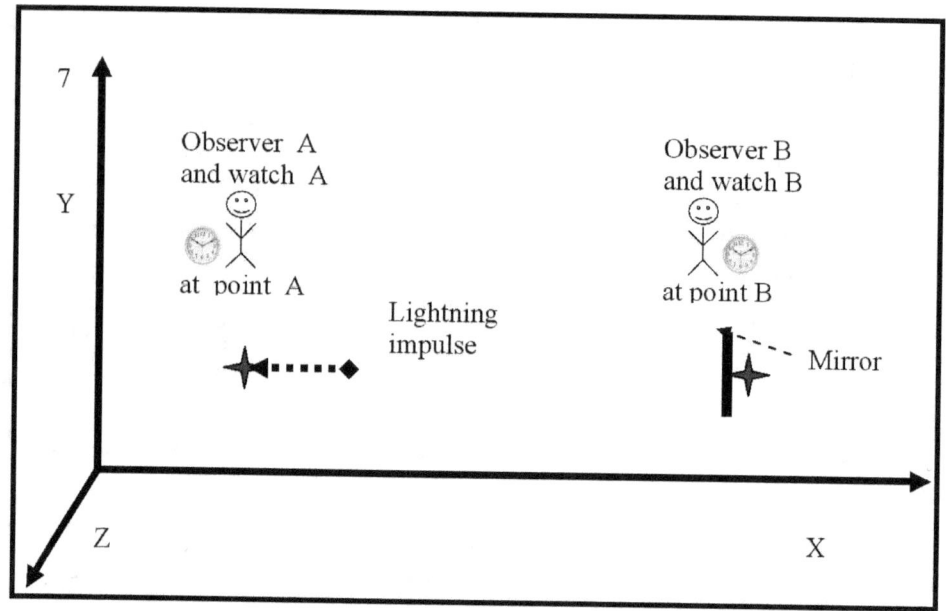

Mae Ffigur 7 yn dangos bod dyfodiad y pwls ar bwynt A, yn ddigwyddiad sy'n digwydd. Mae'r sylwedydd mewn pwynt A yn nodi bod dyfodiad y pwls golau yn digwydd ar hyn o bryd t'_A. Mae mesuriad amser t'_A yn cael ei wneud gan ddarlleniadau'r cloc, sydd wedi'i leoli ar bwynt A. Mae'r sylwedydd ar bwynt A yn cofio amrantiad amser t'_A, oherwydd mae'r amrantiad o amser t'_A, yn angenrheidiol i gydamseru'r ddau gloc.

Ar ôl cynnal yr arbrawf meddwl, daw pedwar canlyniad pwysig i'r amlwg.

Canlyniad pwysig cyntaf:

Mae'r sylwedydd ar bwynt A **yn gwybod** gwerth rhifiadol yr amser t_A pan adawodd y pwls golau y pwynt A, ac **yn gwybod** gwerth rhifiadol yr amser t'_A pan gyrhaeddodd y pwls golau yn ôl at y pwynt A.

Ail ganlyniad pwysig:

Nid yw'r arsylwr ar bwynt yn gwybod A gwerth rhifiadol yr amser sydyn t_B pan gyrhaeddodd y pwls golau y B pwynt.

Trydydd canlyniad pwysig:

Y sylwedydd mewn pwynt B **yn gwybod** bod y pwls golau wedi cyrraedd pwynt B, ar hyn o bryd t_B, wedi'i recordio gan gloc B.

Pedwerydd canlyniad pwysig:

Nid yw'r sylwedydd ar bwynt B yn gwybod gwerth rhifiadol yr amrantiad amser t_A pan adawodd y pwls golau y pwynt A, ac **nid yw'n gwybod** gwerth rhifiadol yr amrantiad amser t'_A pan gyrhaeddodd y pwls golau yn ôl at y pwynt A.

Er mwyn cydamseru'r ddau gloc yn unol â hynny, rhaid bodloni'r amod:

$$t_B - t_A = t'_A - t_B$$

Er mwyn ysgrifennu'r mynegiant mathemategol, rhaid i o leiaf un o'r ddau arsylwr, naill ai'r arsylwr sydd wedi'i leoli yn y pwynt A, neu'r arsylwr sydd wedi'i leoli ar bwynt B, **wybod y tri gwerth rhifiadol,** ar adegau o amser t_A, t_B a t'_A.

Yn anffodus, nid yw'r naill na'r llall o'r ddau sylwedydd, y cyntaf sydd wedi'i leoli ar bwynt A, a'r ail a leolir ar bwynt B, **yn gwybod tri gwerth rhifiadol** amrantiadau amser t_A, t_B a t'_A.

Gweler ffigur 8.

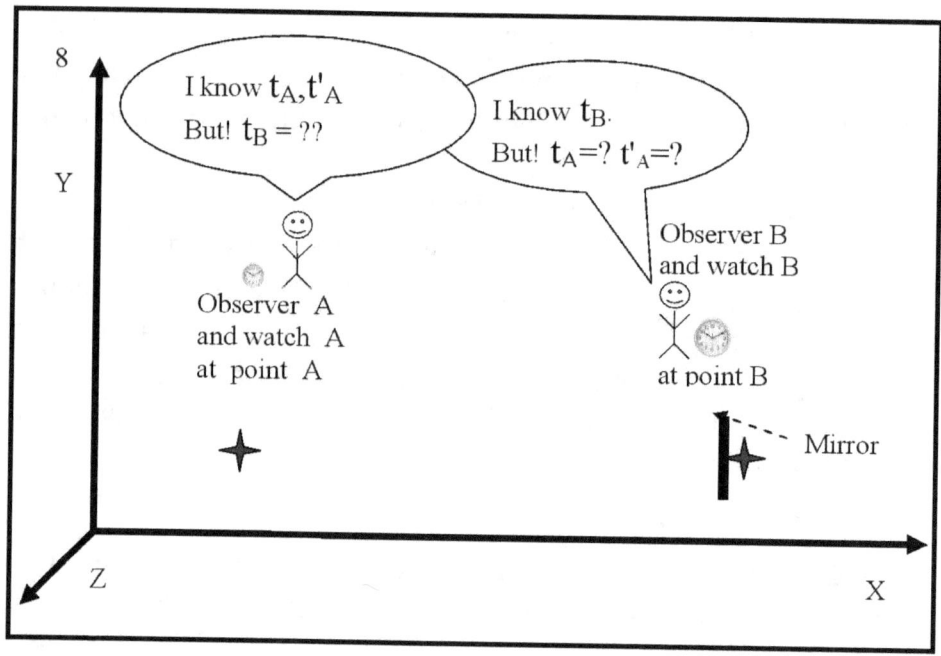

Mae Ffigur 8 yn dangos wedyn na all unrhyw un o'r arsylwyr, y cyntaf sydd wedi'i leoli ar bwynt A, a'r ail ar bwynt B, ysgrifennu'r mynegiant mathemategol

$$t_B - t_A = t'_A - t_B$$

erbyn pryd y pennir ysbeidiau amser.

Gan na ellir ysgrifennu'r mynegiant mathemategol, mae'n dilyn na all arsylwyr gyfrifo'r ddau gyfyngiad amser. Os na all arsylwyr gyfrifo'r ddau gyfwng amser, ni allant gydamseru'r ddau gloc.

Fe wnaethom ddadansoddiad, a chanlyniad y dadansoddiad yw bod Albert Einstein wedi gwneud camgymeriad ofnadwy, ac roedd ei ddull o brofi gweithrediad cydamserol dau gloc yn anghywir.

Mae'n codi'r cwestiwn, a wnaeth Albert Einstein gamgymeriad mewn gwirionedd? Efallai ein bod ni, yn ein dadansoddiad, wedi drysu rhywbeth?

Mae ein dadansoddiad a'r casgliad a wnaethom yn gywir. Pe bai dull Albert Einstein yn defnyddio drych i adlewyrchu curiad y golau, ni ellid cydamseru'r clociau.

Y broblem yw nad oedd Albert Einstein yn esbonio'n fanwl, yn fanwl, sut mae'r meddwl arbrawf. Mae manylion yn bwysig iawn wrth gynnal arbrawf meddwl, ond yn anffodus ni thalodd Albert Einstein sylw i'r ffaith hon.

Yn y sefyllfa hon, mae'n rhaid i ni feddwl ac ystyried yr hyn yr oedd Albert Einstein eisiau ei ddweud. Pan fyddwn yn deall syniad Albert Einstein, mae'n rhaid i ni newid y ffordd, y dull o gydamseru'r ddau gloc, a dadansoddi'r canlyniadau eto.

Rydym eisoes wedi deall bod yr arsylwr sydd wedi'i leoli ar bwynt A, yn gwybod t_A, a t'_A, ond nid yw'n gwybod amrantiad amser t_B, ac ni all gyfrifo'r ddau gyfyngiad amser a dangos eu bod yn gyfartal.

Mae'r cwestiwn yn codi: sut y bydd yr arsylwr ar y pwynt A, yn deall gwerth rhifiadol y foment t_B?

yr arsylwr A ddeall gwerth rhifiadol moment veme t_B, y cloc sydd wedi'i leoli ar bwynt B, trwy arsylwi'n uniongyrchol ar wyneb y cloc sydd wedi'i leoli ar bwynt B. Efallai mai dyna oedd syniad Albert Einstein? Os felly, yna mae'n rhaid i'r pelydr golau a anfonir gan yr arsylwr A at yr arsylwr B oleuo wyneb y cloc sydd wedi'i leoli ar y pwynt B, a chael ei adlewyrchu gan wyneb y cloc B. Bydd y golau sy'n cael ei adlewyrchu o wyneb cloc B yn dychwelyd i sylwedydd A, a bydd yr arsylwr A yn gweld dwylo cloc B. Yna ar y pwynt B, ni ddylai fod unrhyw ddrych. Dylid gosod oriawr arsylwr yn lle'r drych B.

Yn awr, byddwn yn dangos, trwy nifer o ffigurau, yn fanwl ac yn fanwl, gam wrth gam, hanfod yr arbrawf meddwl newydd.

Gweler Ffigur 9.

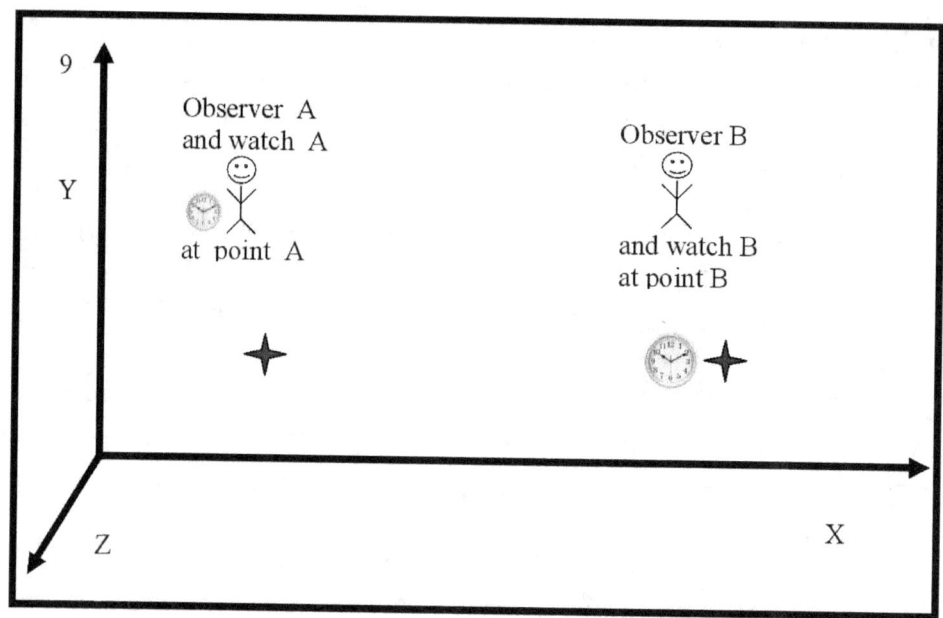

Yn Ffigur 9, dangosir y ddau arsylwr. Mae'r sylwedydd cyntaf wedi'i leoli yng nghyffiniau'r pwynt A. Wrth ymyl yr arsylwr mae cloc A. Mae'r ail arsylwr wedi'i leoli yng nghyffiniau'r pwynt B. Mae oriawr arsylwr wedi'i lleoli B o flaen pwynt B. Mae cloc yr arsylwr B wedi'i leoli yn lle'r drych. Mae wyneb y cloc B yn cael ei gyfeirio at arsylwr A. Pan fydd deial cloc B yn cael ei bwyntio at bwynt A, bydd y pwls golau yn goleuo'r deial ac yn adlewyrchu yn ôl i sylwedydd A.

Cynhelir yr arbrawf newydd mewn ffordd wahanol. Mae'r amodau cychwyn yn wahanol. Y prif wahaniaeth yw bod yn rhaid i'r arsylwr sydd wedi'i leoli yn y pwynt A weld lleoliad dwylo'r cloc a osodir ar y pwynt B. Bydd hyn yn digwydd pan fydd dechrau'r pelydryn golau yn cyrraedd cloc B, ac yn goleuo wyneb cloc B ac yn cael ei adlewyrchu yn ôl i sylwedydd A, ac yn cyrraedd arsylwr A.

Ar adeg y goleuo, bydd y saethau'n dangos gwerth rhifiadol y foment mewn amser t_B.

Mae'r cwestiwn yn codi: sut y gellir ei wneud fel bod arsylwr A yn gallu gweld union foment goleuo deial cloc B?

Mae'r ateb yn hawdd. Mae hyn yn golygu bod yn rhaid cynnal yr arbrawf yn y tywyllwch. Felly, pan fyddwn yn cynnal yr arbrawf meddwl, rydym yn "diffodd y goleuadau".

Gweler ffigur 10.

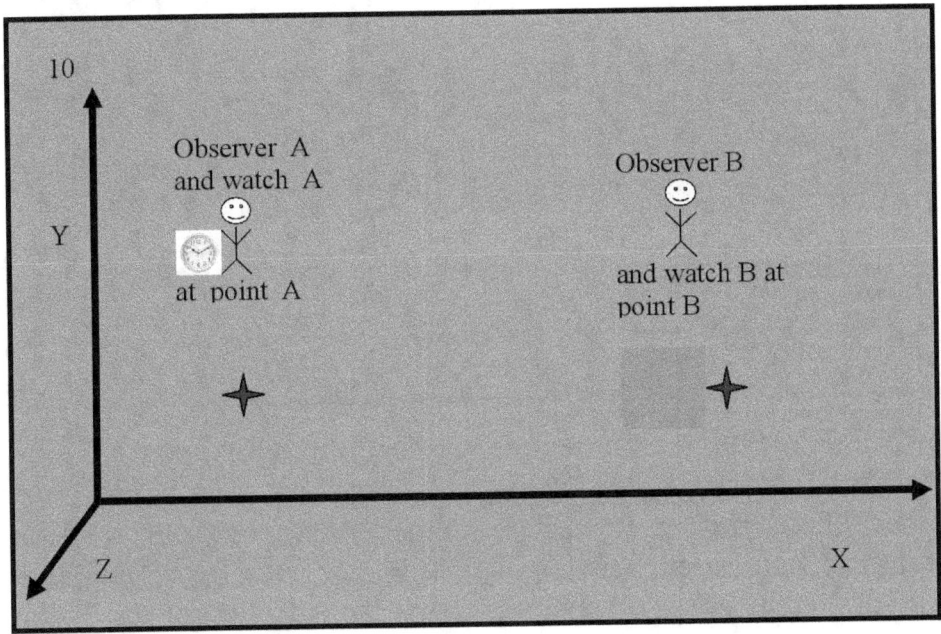

Mae Ffigur 10 yn dangos bod yr arsylwr sydd wedi'i leoli ar bwynt A, yn gweld dwylo ei gloc A, sydd wedi'i oleuo ychydig, ond nid yw'n gweld dwylo'r cloc wedi'i leoli ar bwynt B, oherwydd ei fod yn dywyll.

sylwedydd a leolir ar bwynt B yn gweld dwylo ei oriawr B.

Mae arsylwr A yn anfon pelydr golau at arsylwr B.

Gweler y ffigur 11.

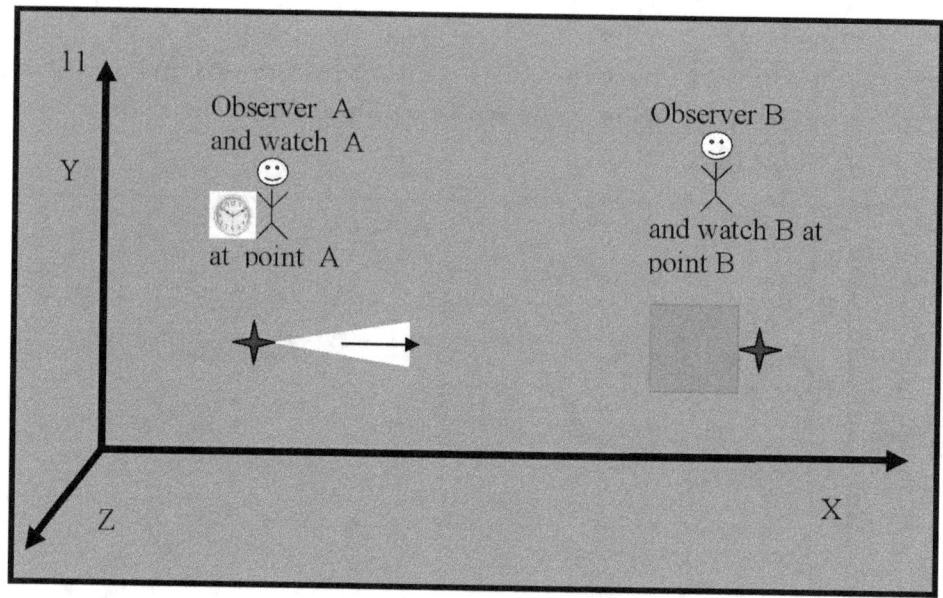

Mae Ffigur 11 yn dangos bod ffynhonnell y pwls golau yn dod o olau fflach sydd wedi'i bwyntio at y cloc B.

Rhaid inni gofio, pan gynhaliwyd yr arbrawf meddwl cyntaf, ffynhonnell y pwls golau oedd laser. Mae'r gwahaniaeth rhwng y pwls golau o laser a'r pwls golau o flashlight yn ffactor pwysig iawn.

Mae dechrau'r pelydr laser yn cael ei adlewyrchu oddi ar y drych ac yn bownsio'n ôl. Nid yw dechrau'r pelydr laser yn cynnwys unrhyw wybodaeth am ddarlleniad y cloc yn y man B. Mae dechrau pelydr golau'r fflachlamp, o'i adlewyrchu gan gloc B, yn cynnwys gwybodaeth am ddarlleniadau'r cloc ar y pwynt B.

Fe welwn mai'r gwahaniaeth hwn, rhwng y golau o'r laser a'r golau o'r golau fflach, sy'n newid y dull o gydamseru'r ddau gloc.

Mae dyfodiad y pwls golau yn ddigwyddiad sy'n digwydd ar adeg benodol t_A. Mae'r sylwedydd A yn pennu'r eiliad mewn amser t_A trwy ei oriawr, sydd wedi'i lleoli yng nghyffiniau pwynt A. Mae'r sylwedydd ar y pwynt A, yn cofio bod y digwyddiad "ymddangosiad dechrau'r pwls golau" wedi digwydd ar hyn o bryd t_A.

Mae'r pelydryn golau yn dechrau symud tuag at yr arsylwr, sydd wedi'i leoli ym mhwynt B. Mae tarddiad y pelydryn golau wedi'i leoli rhywle rhwng pwynt A a phwynt B.

Gweler ffigur.12.

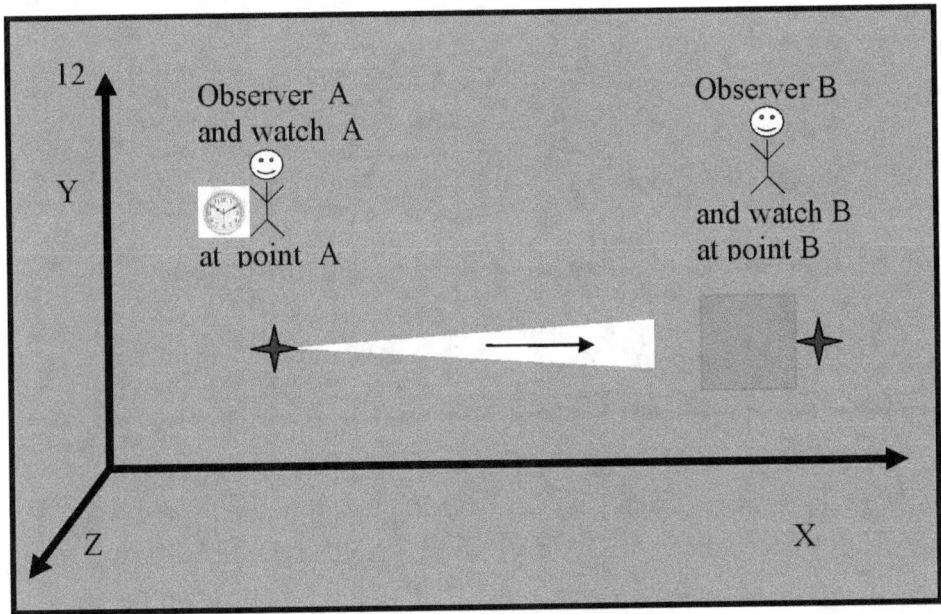

Mae Ffigur 12 yn dangos na all yr arsylwr ar y pwynt A, arsylwi mudiant tarddiad y pelydr golau. Ond mae gan yr arsylwr, sydd wedi'i leoli ar y pwynt A, wybodaeth bod dechrau'r pelydr golau yn symud tuag at yr arsylwr sydd wedi'i leoli ar y pwynt B ac y bydd dechrau'r pelydr golau yn cael ei adlewyrchu gan wyneb y cloc sydd wedi'i leoli yn y pwynt B a'i fod bydd yn dychwelyd yn ôl ar y pwynt A.

Mae dechrau'r pelydr golau yn cyrraedd y pwynt B, ac yn goleuo wyneb y cloc, sy'n cael ei osod o flaen y pwynt B.

Gweler Ffigur 13

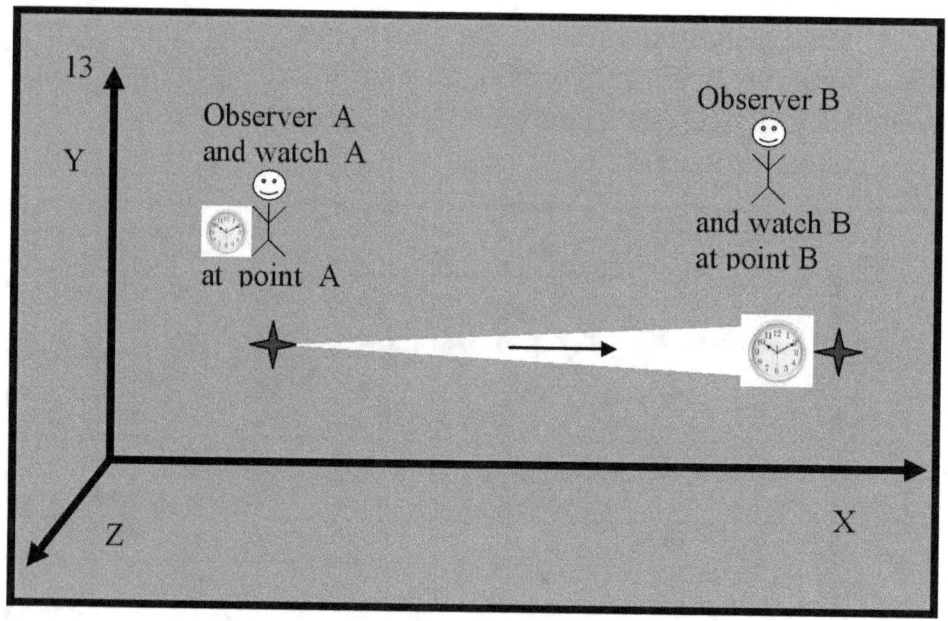

Mae Ffigur 13 yn dangos pan fydd ymyl arweiniol y trawst golau yn goleuo wyneb y cloc B, bydd yr arsylwr yn y pwynt B yn gweld wyneb y cloc B. Bydd yr arsylwr sydd wedi'i leoli ar bwynt B yn gweld lleoliad dwylo'r cloc B. Bydd y saethau yn dangos yr eiliad o amser t_B.

Mae dyfodiad y trawst golau ar y pwynt B, goleuo wyneb y cloc, ac adlewyrchiad y pelydr golau o'r cloc yn dri digwyddiad sy'n digwydd ar yr un funud mewn amser t_B. Mae'r sylwedydd ar bwynt B yn nodi bod y tri digwyddiad hyn, sef, cyrraedd, goleuo a myfyrio, yn digwydd ar yr un foment mewn amser t_B. Mae'r arsylwr sydd wedi'i leoli ar bwynt B yn cofio bod dyfodiad, goleuo ac adlewyrchiad y pelydryn golau yn digwydd ar hyn o bryd t_B.

Mae'n bwysig iawn deall a chofio, pan fydd yr arsylwr sydd wedi'i leoli ar bwynt B yn gweld dwylo'r cloc wedi'i oleuo wedi'i leoli ar bwynt B sy'n nodi'r foment t_B, ar yr union foment honno nid yw'r t_B arsylwr sydd wedi'i leoli ar bwynt A yn gweld dwylo'r cloc wedi'i leoli. ar bwynt B. Mae'r gwyliwr A yn edrych ar y cloc B, ond yn gweld tywyllwch. Mae hyn oherwydd nad yw'r pelydryn golau sy'n cael ei adlewyrchu gan y cloc B wedi cyrraedd

yr arsylwr eto A.
Gweler Ffigur 14.

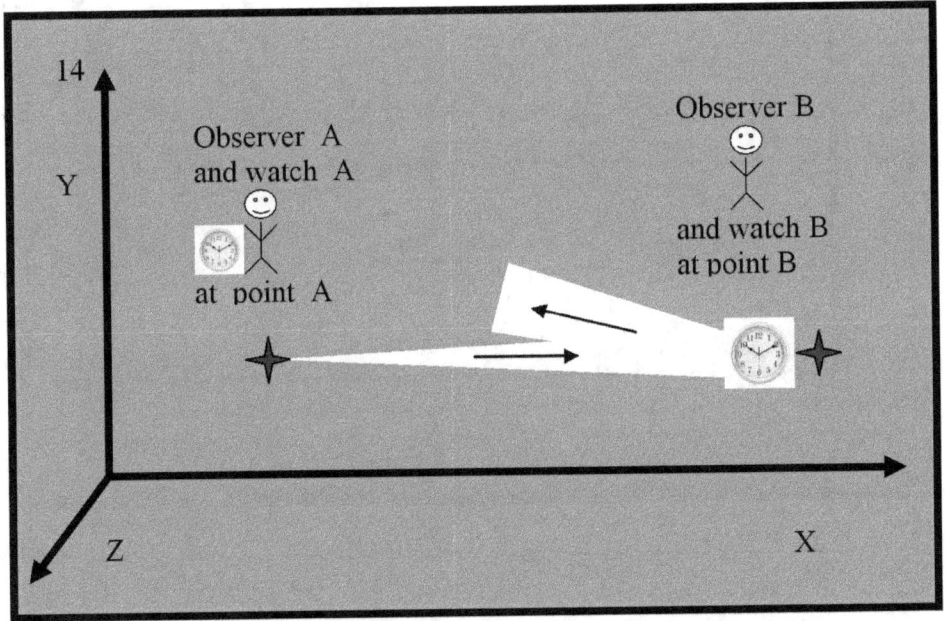

Mae Ffigur 14 yn dangos bod tarddiad y pelydr golau rhywle rhwng y ddau arsylwr.

Pan fydd y trawst adlewyrchiedig yn cyrraedd sylwedydd A, dim ond wedyn y bydd yn gweld y cloc yn goleuo yn y man B.

Unwaith eto byddaf yn dweud bod adlewyrchiad y pelydr golau o'r deial cloc sydd wedi'i leoli yn y pwynt B, yn elfen bwysig iawn o'r arbrawf rydyn ni'n ei gynnal. Mae adlewyrchiad pelydr golau o wyneb gwylio yn sylfaenol wahanol o'i gymharu ag adlewyrchiad pelydr laser o ddrych.

Mae hyn oherwydd, ar ôl adlewyrchiad o wyneb y cloc B, mae dechrau'r trawst golau yn cario delwedd ysgafn wyneb y cloc wedi'i oleuo sydd wedi'i leoli yn y pwynt B.

Gweler Ffigur 15.

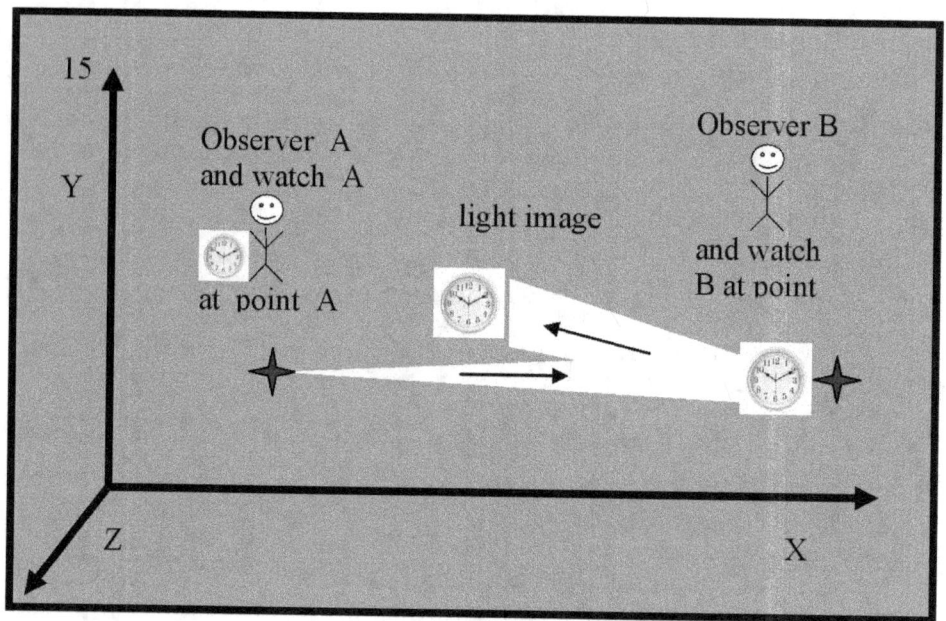

Mae Ffigur 15 yn dangos bod dechrau'r trawst golau wedi "cofio" sut mae dwylo'r cloc wedi'u lleoli ar bwynt B. Dyma'r prif wahaniaeth rhwng y ddau arbrawf meddwl rydyn ni'n eu dadansoddi. Yn yr arbrawf cyntaf, daeth y pwls golau o laser a adlewyrchwyd oddi ar ddrych ac nid oedd yn cario delwedd ysgafn. Mae'r pwls golau laser adlewyrchiedig yn fflachiad ysgafn syml.

Mae'r ffaith hon yn bwysig iawn, a dyna pam y dylid ei ddeall a'i gofio, yn yr ail arbrawf, bod dechrau trawst golau yn cynnwys **gwybodaeth** am leoliad dwylo'r cloc sydd wedi'i leoli yn y pwynt B. **Gwybodaeth** yw hon am werth meintiol, rhifiadol eiliad mewn amser t_B.

Mae'r pwls golau yn gorwedd rhywle rhwng pwynt A, a phwynt B. Ni all yr arsylwr ar y pwynt A, a'r sylwedydd ar y pwynt B, arsylwi symudiad y pwls golau, ond maent yn gwybod bod y pwls yn symud o bwynt B, i bwynt A a'i fod yn cario delwedd ysgafn wyneb y cloc wedi'i oleuo sydd wedi'i leoli ar bwynt B.

Gweler Ffigur 16.

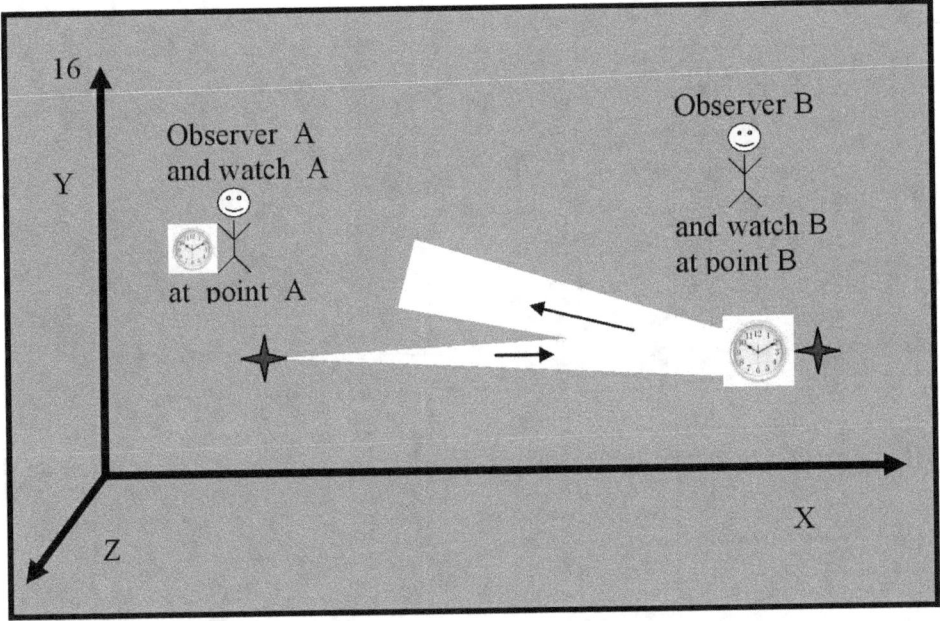

Yn Ffigur 16, nid yw delwedd ysgafn yr wyneb cloc wedi'i oleuo sydd wedi'i leoli ar bwynt , yn cael ei ddangos B, ond arsylwyr a gwyddom ei fod yno.

Mae'r pwls golau yn cyrraedd y pwynt A.

Gweler Ffigur 17.

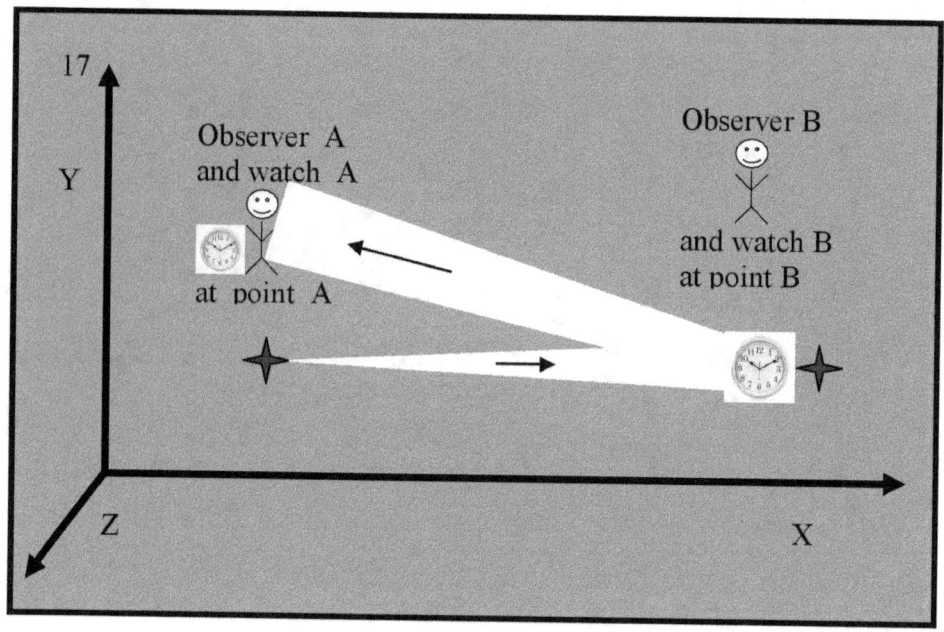

Mae Ffigur 17 yn dangos pan fydd y pwls golau yn cyrraedd sylwedydd A, bydd yn gweld delwedd ysgafn wyneb y cloc wedi'i leoli yn y pwynt B. Mae dechrau'r pwls golau yn dynodi lleoliad dwylo'r cloc ar y pwynt B. Mae lleoliad y dwylo ar gloc B yn dynodi'r foment mewn amser t_B. Pan fydd yr arsylwr sydd wedi'i leoli ar bwynt A, yn gweld lleoliad dwylo cloc B, bydd yn derbyn **gwybodaeth** am y gwerth meintiol, sef gwerth rhifiadol yr amrantiad amser t_B.

Mae hyn yn digwydd ar hyn o bryd t'_A. Mae'r gefnogwr mewn pwynt A yn nodi bod dyfodiad y pwls golau, a derbyniad y wybodaeth, yn digwydd ar amser t'_A. Mae mesuriad y foment mewn amser t'_A yn cael ei gyfrif gan ddarlleniadau'r cloc, sydd wedi'i leoli ar bwynt A. Y sylwedydd mewn pwynt A yn cofio'r foment mewn amser t'_A oherwydd mae'r foment mewn amser t'_A yn angenrheidiol i allu cydamseru'r ddau gloc

Mae'r hyn a ddywedasom yn bwysig iawn. Dylid deall a chofio bod:

Ar adeg benodol t'_A, **mae arsylwr** A **yn derbyn gwybodaeth amser** t_B.

Mae'r arbrawf meddwl o gysoni'r ddau gloc wedi'i gwblhau. Ar ôl cynnal yr arbrawf meddwl, mae'r arsylwr A a'r arsylwr B yn derbyn y canlyniadau canlynol:

Canlyniadau Sylwedydd B:

Yn gyntaf.

Mae'r sylwedydd ar bwynt B yn gwybod bod y pwls golau wedi cyrraedd pwynt B, ar amser amrantiad t_B, ac yn adlewyrchu o'r drych ar amrantiad amser t_B, a gofnodwyd gan ei gloc.

Yn ail.

sylwedydd ar bwynt B yn gwybod gwerth rhifiadol yr amrantiad amser t_A pan adawodd y pwls golau y pwynt A, ac nid yw'n gwybod gwerth rhifiadol yr amrantiad amser t'_A pan gyrhaeddodd y pwls golau yn ôl at y pwynt A. Er mwyn i'r ddau gloc gael eu cysoni (yn ôl Albert Einstein), rhaid bodloni'r amod:

$$t_B - t_A = t'_A - t_B$$

Er mwyn ysgrifennu'r mynegiant mathemategol, B rhaid i'r arsylwr a leolir ar bwynt, wybod tri gwerth rhifiadol yr eiliadau amser t_A, t_B a t'_A.

arsylwr B yn gwybod tri gwerth rhifiadol yr amrantiadau amser t_A, t_B a t'_A. Felly, ni all arsylwr B gydamseru'r ddau gloc.

Canlyniadau Sylwedydd A:

Mae'r sylwedydd ar bwynt A yn gwybod gwerth rhifiadol yr amser t_A pan adawodd y pwls golau y pwynt A.

Mae'r sylwedydd ar bwynt A yn gwybod gwerth rhifiadol yr amser sydyn t_B pan gyrhaeddodd y pwls golau y pwynt B.

Mae'r sylwedydd ar bwynt A yn gwybod gwerth rhifiadol yr amser t'_A pan gyrhaeddodd y pwls golau yn ôl i'r pwynt A.

Dywedodd Albert Einstein, er mwyn i'r ddau gloc gael eu cydamseru, rhaid bodloni'r amod:

$$t_B - t_A = t'_A - t_B$$

Mae sylwedydd A yn gwybod tri gwerth rhifiadol yr amrantiadau amser t_A, t_B a t'_A.

Mae'r sylwedydd A yn ysgrifennu'r hafaliad, yn ei ddatrys, ac yn ôl Albert Einstein mae hynny'n ddigon, ac mae'r clociau'n cael eu cydamseru. Mae'r arbrawf yr ydym yn ei gynnal wedi dod i ben yn llwyddiannus.

Ai felly y mae mewn gwirionedd?

Yr ateb i'r cwestiwn hwn yw: Na!

Nid yw'r casgliad bod yr arbrawf wedi'i gwblhau'n llwyddiannus yn wir. Byddwn nawr yn dangos efallai na fydd y clociau yn cael eu cysoni.

Yn ôl dull Albert Einstein, t_B rhaid i'r amrantiad o amser, fod yng nghanol yr egwyl, rhwng t_A a t'_A, ac yna mae'r clociau'n cael eu cydamseru. Gadewch inni ddwyn i gof yr arbrawf gyda rhifau penodol yr eiliadau amser:

Wyth i ddeg yw dau o'r gloch, a deg i ddeuddeg yw dau o'r gloch. Mae deg yng nghanol yr egwyl o wyth i ddeuddeg, ac yna mae'r clociau'n cael eu cydamseru. I Albert Einstein, dyma'r peth pwysicaf.

Ond, rydym yn honni bod:

Gall deg **fod** yng nghanol y cyfwng, a **gall y clociau heb eu** cysoni.

A hynny:

Efallai **na fydd deg** yng nghanol yr egwyl, ac mae'r clociau'n **cael** eu cydamseru.

Beth yw'r dirgelwch hwn, a sut mae hyn yn bosibl?!

Mae'n bosibl oherwydd inni anghofio ffaith bwysig iawn:

Ar adeg benodol t'_A, **mae arsylwr** A **yn derbyn gwybodaeth am y pwynt mewn amser** t_B **o gloc arall**.

Mae cael **gwybodaeth** amser t_B o **gloc arall** yn newid y dull cydamseru cyfan.

Byddwn yn ysgrifennu'r enghraifft rifiadol unwaith eto.

Mae'r pwls golau yn dechrau am wyth o'r gloch, **yn ôl y ddau gloc**, yn cyrraedd am ddeg o'r gloch, **yn ôl y ddau gloc**, ac yn dychwelyd am ddeuddeg o'r gloch, **yn ôl y ddau gloc**.

Mae'r pwysicaf wedi'i grynhoi yn y term " **yn ôl y ddau gloc**."

Mae hyn yn golygu bod yn rhaid i arsylwr A, neu arsylwr B, **weld cyd-ddigwyddiad o ddigwyddiadau**. Mae tair gornest.

Gêm gyntaf:

Cyd-ddigwyddiad y digwyddiad, yn digwydd ar hyn o bryd o amser wyth o'r gloch yn ôl A, gyda'r digwyddiad, yn digwydd ar hyn o bryd o amser wyth o'r gloch yn ôl B.

Ail gêm:

Cyd-ddigwyddiad y digwyddiad, yn digwydd ar eiliad o amser deg o'r gloch yn ôl A, gyda'r digwyddiad, yn digwydd ar eiliad o amser deg o'r gloch yn ôl B.

Trydydd gêm:

Cyd-ddigwyddiad y digwyddiad, yn digwydd ar bwynt mewn amser deuddeg o'r gloch yn ôl A, gyda'r digwyddiad yn digwydd ar bwynt mewn amser deuddeg o'r gloch yn ôl B.

Os na all arsylwr A, neu wyliwr B, weld y tri chyd-ddigwyddiad o ddigwyddiadau, ni all y clociau gydamseru.

Rydym yn honni bod:

Pan fydd arsylwr A, neu arsylwr B, yn derbyn **gwybodaeth** am ddigwyddiad, yna ni all yr arsylwr arsylwi **cyd-ddigwyddiad y digwyddiad hwn â digwyddiad arall**.

cyd-ddigwyddiad yn bosibl yn unig a dim ond gyda

"uniongyrchol" monitro . Mae cwestiwn pwysig iawn yn codi yma: beth mae **arsylwi uniongyrchol yn ei olygu** ? Ni ofynnodd Einstein y cwestiwn hwn ac ni ddadansoddodd ffenomen **"arsylwi uniongyrchol"** . Mae angen dadansoddi, yn enwedig o ran gwyddoniaeth Mecaneg Cwantwm, lle mae'r eiliadau amser yn agos iawn at ei gilydd, ac mae'r cyfnodau amser yn fach iawn.

Yn fyr, ni all yr arsylwr gydamseru'r ddau gloc.

Nawr byddwn yn cynnal yr arbrawf unwaith eto, yn ofalus, heb frys, ac yn gwneud dadansoddiad manwl.

I'w gwneud yn glir, gweler ffigur 18.

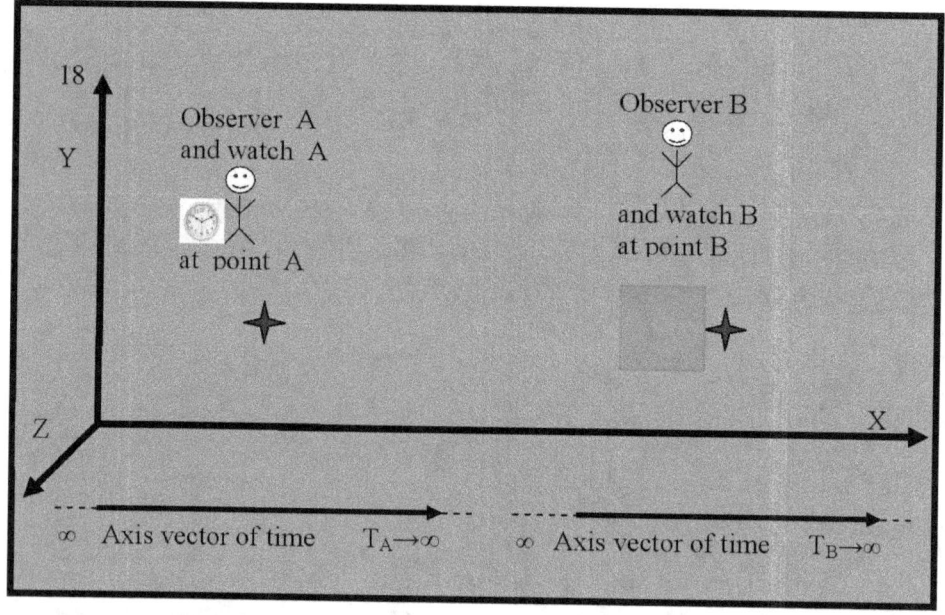

Yn ffigur 18, dangosir arsylwr A sy'n gweld cloc A ond nad yw'n gweld cloc B oherwydd B nad yw'r cloc wedi'i oleuo. Sylwedydd B sydd wedi'i leoli ar bwynt B, nad yw'n gweld cloc B oherwydd B nad yw'r cloc wedi'i oleuo.

Mae dau fector yn cael eu dangos ar waelod y ffigwr. Echelinau amser cydlynol yw'r rhain. Mae'r echelin chwith amser a ddangosir yn ôl y ffigwr yn dangos sut mae amser y cloc yn newid A, mae'r dde yn dangos sut mae amser y cloc B yn newid. Dechreuodd dwy echel amser eu dechreuad, yn y gorffennol pell anfeidrol, a bydd yn parhau i dyfu, yn y dyfodol pell anfeidrol. Mae'r ddwy echelin amser yn annibynnol ar ei gilydd oherwydd eu bod o ddau gloc annibynnol, cloc A a chloc B. Ar yr echelinau, byddwn yn nodi amrantiadau amser cloc A a chloc B.

Yn y modd hwn, byddwn yn cymharu'r eiliadau amser rhwng yr arsylwr A a'r arsylwr B. Byddwn yn gallu deall pa foment mewn amser y mae sylwedydd yn ei weld A pan fydd sylwedydd B yn edrych ar ei oriawr, ac i'r gwrthwyneb pa foment y mae sylwedydd yn ei weld B pan fydd arsylwr A yn gweld ei oriawr.

Mae arsylwr A yn anfon pelydr golau at arsylwr B.

Daw ffynhonnell y pelydr golau o fflachlamp, sydd wedi'i anelu at y cloc sydd wedi'i leoli yn y pwynt B.

Mae ymddangosiad dechrau'r pelydryn golau yn ddigwyddiad sy'n digwydd ar adeg benodol t_A. Mae'r sylwedydd A yn pennu'r eiliad o amser t_A trwy ei oriawr, sydd wedi'i lleoli'n agos at y pwynt A.

gwerth rhifiadol amrantiad amser t_A, ar yr echelin gyfesurynnol ar fector amser, cloc A. Mae'r sylwedydd ar bwynt A yn cofio bod y digwyddiad "ymddangosiad dechrau'r pwls golau" wedi digwydd ar adeg benodol t_A.

Gweler Ffigur 19.

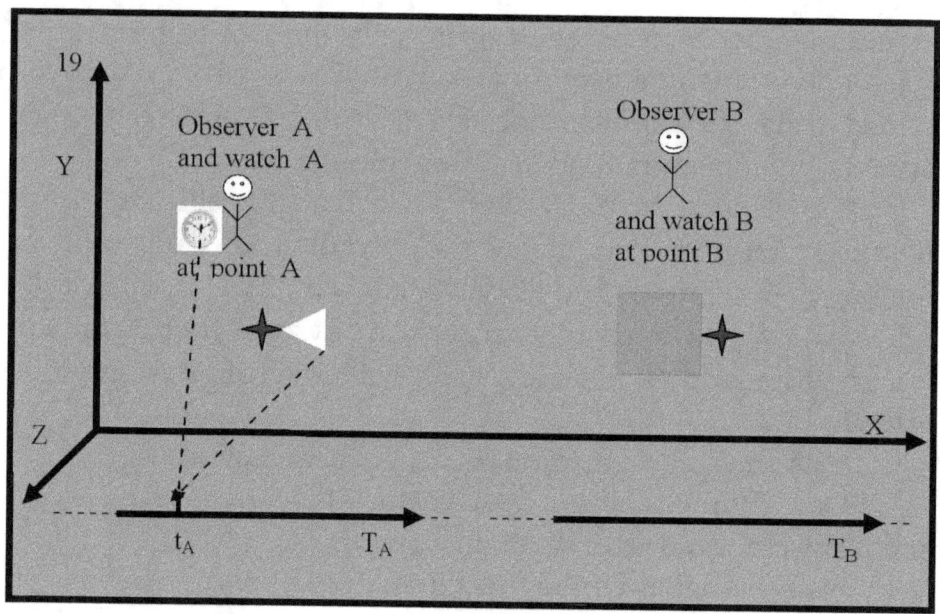

Yn Ffigur 19, mae dwy saeth doriad i'w gweld, sy'n pwyntio at amrantiad amser t_A. Mae'r saeth gyntaf o'r cloc A, i'r amser presennol t_A. Dyma ddarlleniad y cloc A. Mae'r ail saeth yn dechrau o ddechrau'r pelydryn golau, ac yn gorffen ar t_A ac yn dangos bod dechrau'r pelydryn golau wedi ymddangos ar hyn o bryd t_A.

Pan fydd cloc arsylwr A yn dangos amser t_A, yna bydd cloc yr arsylwr B, yn dangos peth amser ei hun, yr ydym yn ei ddynodi gan y symbol t_{BA}.

Gweler Ffigur 20

CAMGYMERIAD CYNTAF EINSTEIN

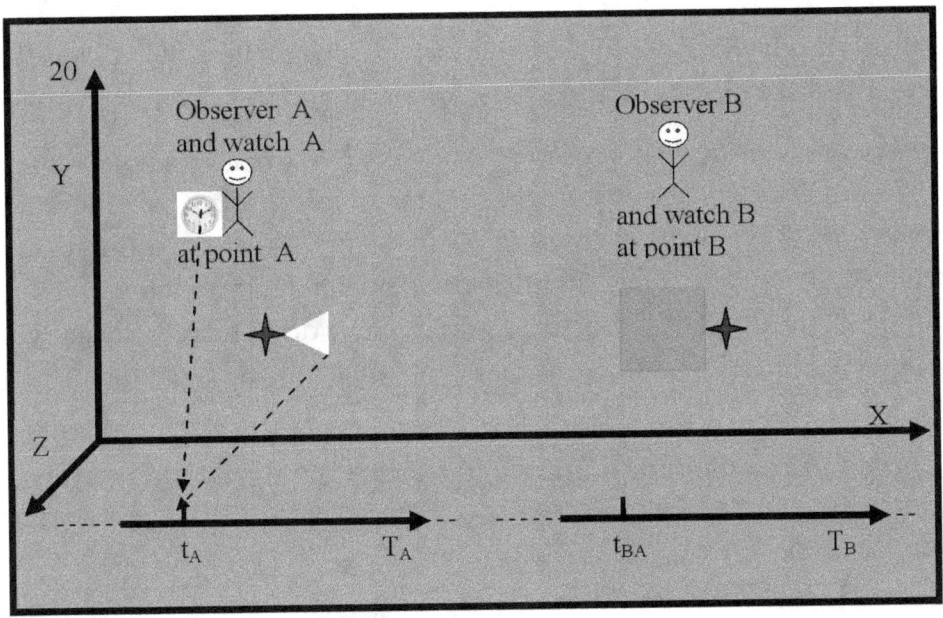

Mae Ffigur 20 yn dangos amrantiad amser t_{BA}, sydd ar fector T_B, cloc B. Os tybiwn fod y cloc B a'r oriawr A yn mesur ac yn dangos yr un amser, yna amrantiad amser t_A rhaid iddo fod yn gyfartal ag amrantiad amser t_{BA}.

Mae dau gwestiwn yn codi.

Y cwestiwn cyntaf yw:

A all sylwedydd A wybod bod amrantiad amser t_A a fesurir gan ei oriawr A yn hafal i'r amrantiad amser t_{BA} a fesurir gan gloc B?

Yr ateb yw na. Mae hyn oherwydd bod arsylwr A yn edrych ar y cloc B, ond mae'n dywyll yno. Mae'n dywyll oherwydd B nid yw wyneb y cloc wedi'i oleuo gan y pelydr golau. Pan fydd y pelydryn golau yn cyrraedd cloc B, ac yn adlewyrchu oddi ar wyneb cloc B, ac yn dychwelyd yn ôl at arsylwr A, dim ond wedyn y bydd yr arsylwr A yn gweld amrantiad amser t_{BA} ar y cloc B. Pan fydd arsylwr A yn gweld eiliad o amser t_{BA} cloc B, bydd yn edrych ar ei gloc , ac yn cymharu amser y t_{BA} cloc B gyda'i amser cloc A. Bydd ei oriawr A yn dangos amser arall nad yw'n hafal i'r amser presennol t_{BA}. Mae hyn oherwydd bod golau yn teithio ar gyflymder o dri chan mil o gilometrau yr eiliad, ac mae'n teithio'r pellter o bwynt B i bwynt A mewn cyfnod amser real. Mae'r cyfwng go iawn hwn yn oedi sy'n dangos y cloc A.

Sylwedydd A, methu ag arsylwi ar y ddau ddigwyddiad yn digwydd , methu arsylwi ar yr amrantiad o amser yn digwydd , methu cymharu y ddau amrantiad amser t_A ac t_{BA} , ni all sylwi ar gyd-ddigwyddiad o ddigwyddiadau, ac ni all ddatgan yn ddiamwys ei fod ef, yr arsylwr, yn cydamseru'r ddau gloc yn y modd hwn.

Yr ail gwestiwn yw:

A all sylwedydd B wybod ei t_A fod yn hafal i t_{BA} ?

Yr ateb yw na. Mae hyn yn amhosibl oherwydd bod Sylwedydd B yn gweld cloc arsylwr A sydd wedi'i oleuo ychydig, ond nid yw'n gweld y digwyddiad "yn gadael y pelydr golau" o bwynt A, oherwydd bod dechrau'r pelydr golau yn dal i fod rhywle rhwng pwynt A a phwynt B.

Mae dechrau'r pelydryn golau, a'r darlleniad cloc A, am amrantiad amser t t_A, yn symud gyda'i gilydd.

Gweler Ffigur 21.

CAMGYMERIAD CYNTAF EINSTEIN

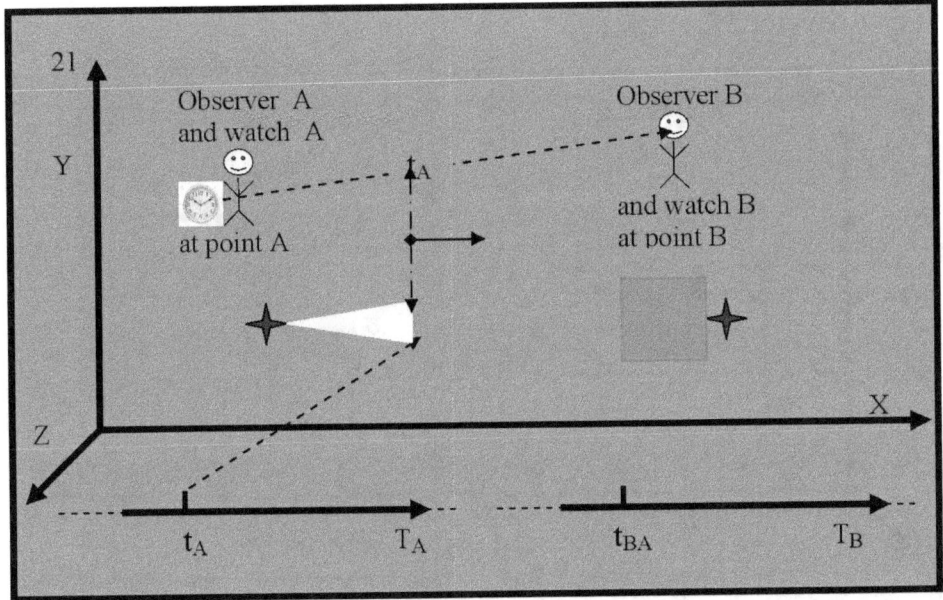

Mae Ffigur 21 yn dangos bod delwedd ysgafn y cloc A yn symud ar y saeth doredig sy'n cysylltu'r cloc A â'r arsylwr B.

Dim ond pan fydd dechrau'r trawst golau yn cyrraedd arsylwr B ac yn goleuo wyneb cloc y bydd B arsylwr yn gweld y digwyddiad "ymadawiad pelydr golau" B.

Y peth pwysig yw na all arsylwr B weld cyd-ddigwyddiad y digwyddiad " eiliad o amser t_A ar y cloc A " gyda'r digwyddiad " eiliad o amser t_{BA} ar y cloc B ".

y sylwedydd B ddweud a t_A yw'n hafal i t_{BA}, ac ni all bennu amrantiad amser t_{BA}.

Ni all y ddau sylwedydd benderfynu ar hyn o bryd. Felly, yn y ffigurau canlynol, t_{BA} ni ddangosir B amrantiad amser ar fector amser y cloc t_{BA}.

Ar y cam hwn o'r arbrawf, ni all yr arsylwyr gydamseru'r ddau gloc.

Mae'r pwls golau yn parhau i symud tuag at yr arsylwr sydd wedi'i leoli yn y man B.

Gweler Ffigur 22.

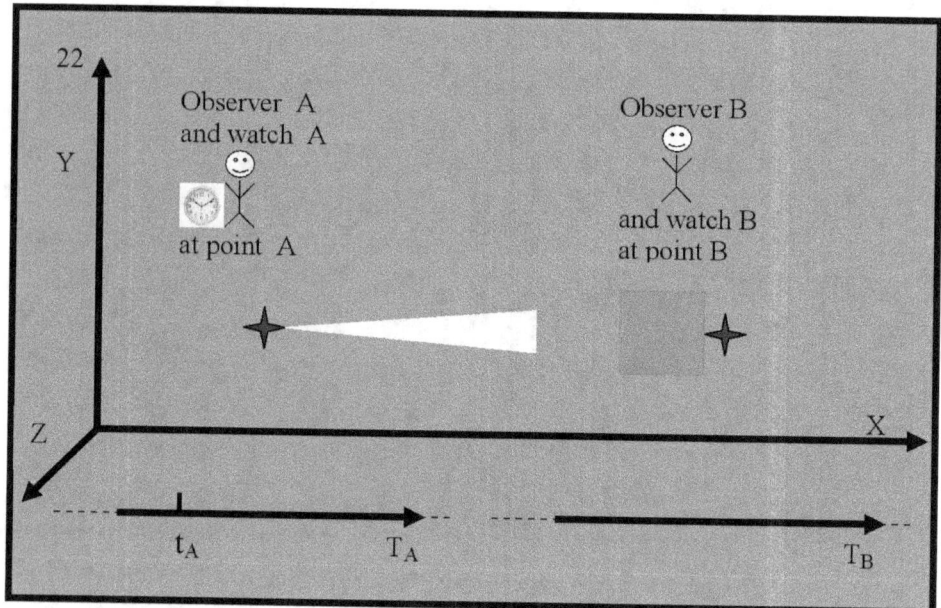

Mae Ffigur 22 yn dangos bod tarddiad y pwls golau wedi'i leoli rhywle rhwng pwynt A a phwynt B. Ni all arsylwr A, ac arsylwr B, arsylwi symudiad dechrau'r pwls golau. Ond, mae sylwedydd B ac arsylwr A yn gwybod bod tarddiad y pwls golau yn symud tuag at bwynt B. Mae ganddynt **wybodaeth** bod y trawst yn symud.

Mae dechrau'r pelydryn golau yn cyrraedd pwynt B ac yn goleuo wyneb y cloc B. Mae'r sylwedydd ar y pwynt B, yn edrych ar wyneb y cloc wedi'i oleuo ac yn gweld, yn ôl ei gloc, mai gwerth rhifiadol amrantiad amser yw t_B.

Gweler ffigur 23.

CAMGYMERIAD CYNTAF EINSTEIN

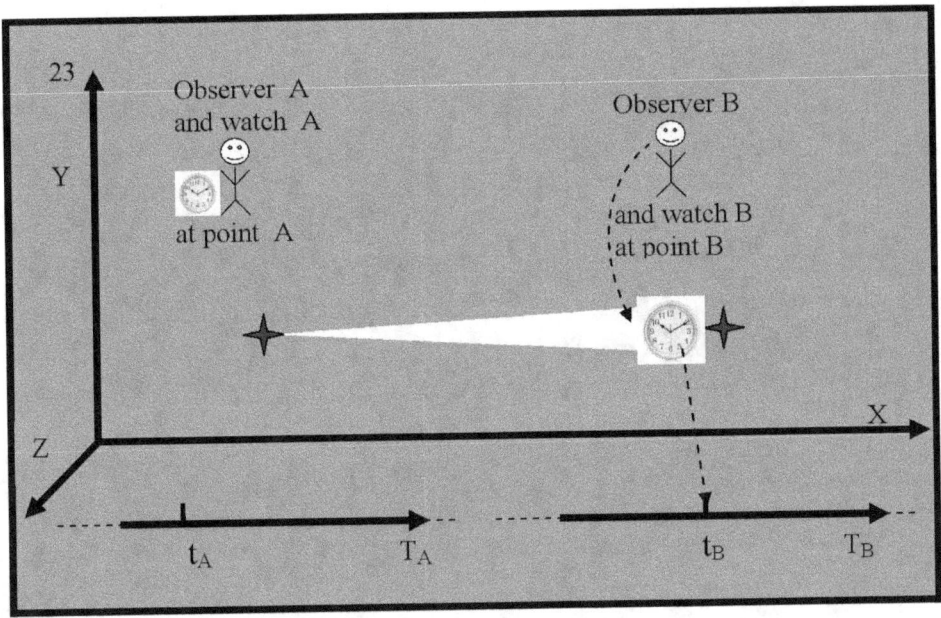

Yn Ffigur 23, dangosir amrantiad amser t_B, ar echelin amser cloc B.

Pan yn sylwedydd B, gweld dwylo cloc B, sy'n dynodi amrantiad amser t_B, dwylo cloc sylwedydd A, yn dynodi rhywfaint o amser ar unwaith t_{AB}.

Gweler ffigur 24.

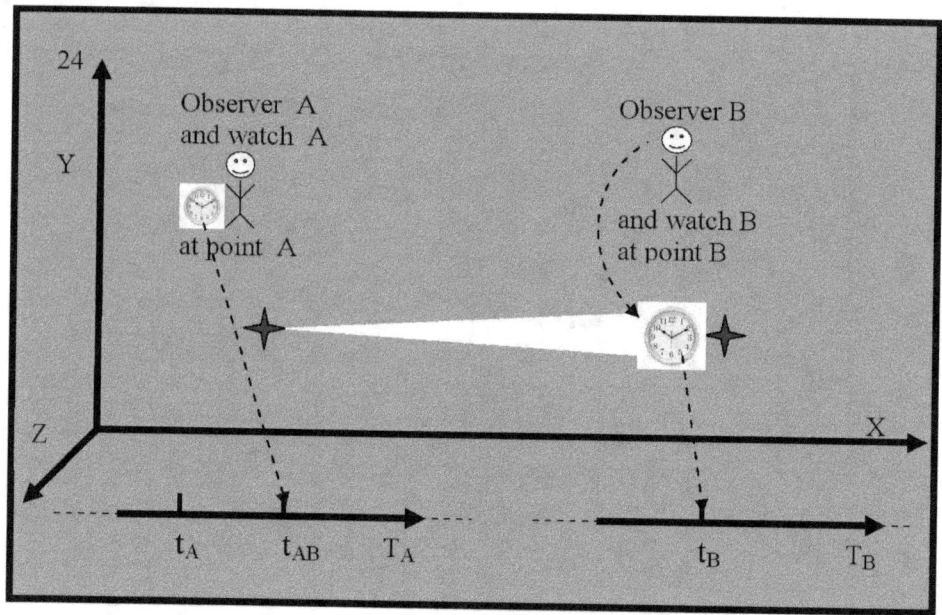

Yn Ffigur 24, mae saeth doriad yn dangos amrantiad amser t_{AB} ar y cloc A.

Os tybiwn fod cloc B a gwyliadwriaeth A, mesur ac arddangos yr un amser, yna, rhaid i'r amrantiad amser t_B fod yn gyfartal ag amrantiad amser t_{AB}.

Mae dau gwestiwn yn codi.

Y cwestiwn cyntaf yw:

A all arsylwr B ddeall bod, t_B yn hafal i t_{AB}, a gweld cyd-ddigwyddiad o'r digwyddiad "yn digwydd ar hyn o bryd t_B" gyda'r digwyddiad yn "digwydd ar eiliad mewn amser t_{AB}"?

Yr ateb yw na. Ni all arsylwr B weld darlleniadau dwylo cloc arsylwr A sy'n dynodi eiliad mewn amser t_{AB}.

Gweler ffigur 25

CAMGYMERIAD CYNTAF EINSTEIN

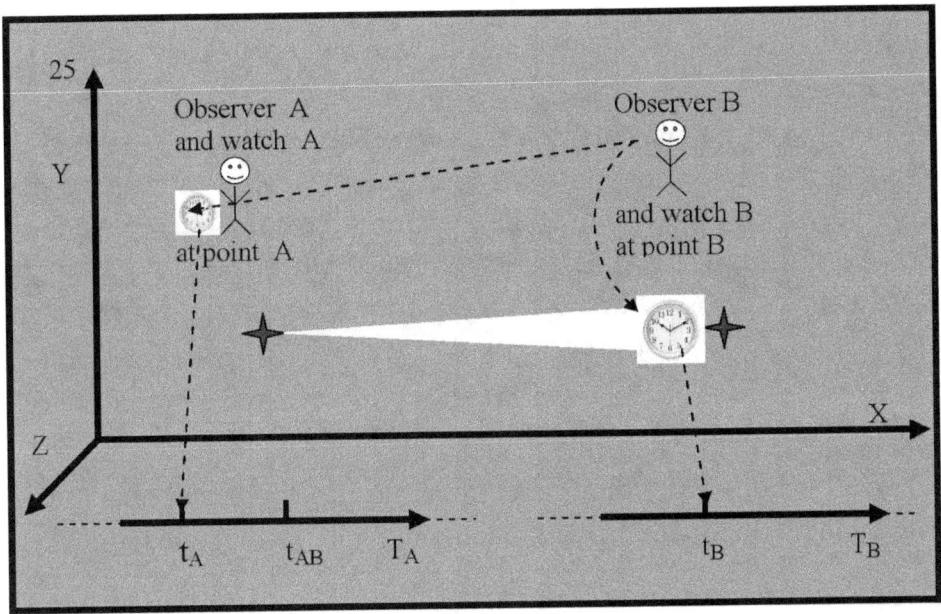

Mae Ffigur 25 yn dangos y bydd arsylwr B yn gweld darlleniadau dwylo cloc A, a fydd yn dynodi eiliad mewn amser t_A. Mae hyn oherwydd pan fydd arsylwr B yn edrych ar gloc arsylwr A, bydd yn gweld delwedd ysgafn cloc A. Yr ydym eisoes wedi egluro mai goleuni a adlewyrchir oddi ar wyneb oriawr A ac yn cario gwybodaeth am ddarlleniadau dwylaw oriawr A. Mae delwedd golau cloc A yn symud ynghyd â dechrau'r pwls golau. Bydd dechrau'r curiad a'r ddelwedd yn cyrraedd pwynt B gyda'i gilydd, a bydd hyn yn digwydd ar amrantiad amser t_B wedi'i fesur gan gloc B.

Yn fyr, pan fydd y pwls golau yn goleuo oriawr B, bydd arsylwr B yn gweld ar ei oriawr B, eiliad mewn amser t_B, a bydd yn gweld ar oriawr A, eiliad mewn amser t_A. Ar y pwynt hwn yn ein harbrawf, B ni all yr arsylwr brofi bod y clociau wedi'u cydamseru.

Yr ail gwestiwn yw:

A all sylwedydd A wybod bod amrantiad amser t_{AB} a

37

fesurir gan ei oriawr A yn hafal i'r amrantiad amser t_B a fesurir gan gloc B?

Yr ateb yw na. Mae hyn oherwydd bod arsylwr A yn edrych ar y cloc B, ond mae'n dywyll yno. Mae'n dywyll oherwydd nid yw'r pelydryn golau wedi'i adlewyrchu wedi cyrraedd sylwedydd eto A. Edrychwch ar ffigwr 23. Pan fydd y pelydr golau yn dychwelyd yn ôl i'r arsylwr A, dim ond wedyn A y bydd yr arsylwr yn gweld amrantiad amser t_B ar y cloc B. Pan fydd sylwedydd A yn gweld amrantiad amser t_B ar gloc B, bydd yn edrych i'w ben ei hun cloc, a bydd yn cymharu'r amser t_B ar y cloc B, gyda'r amser ar ei gloc ei hun A. Bydd cloc sylwedydd A yn dangos amrantiad amser t'_A nad yw'n hafal i amrantiad amser t_B ac nad yw'n hafal i amrantiad amser t_{AB}. Ni all arsylwr A weld cyd-ddigwyddiad y digwyddiad amser t_B cloc â'r B digwyddiad amser t_{AB} cloc A. Mae hyn oherwydd bod golau yn teithio ar fuanedd o dri chan mil o gilometrau yr eiliad, ac yn teithio'r pellter o bwynt B i bwynt A mewn cyfnod amser real. Mae'r cyfwng gwirioneddol hwn yn oedi y mae'r cloc A yn ei gyfrif. Ni all arsylwr A bennu'r amser t_{AB} ac ni all gydamseru'r ddau gloc.

Ar y cam hwn o'r arbrawf, A ni all yr arsylwyr B gydamseru'r ddau gloc

Mae dechrau'r pelydryn golau yn cael ei adlewyrchu gan wyneb cloc B ac yn dechrau symud tuag at arsylwr A.

Gweler Ffigur 26.

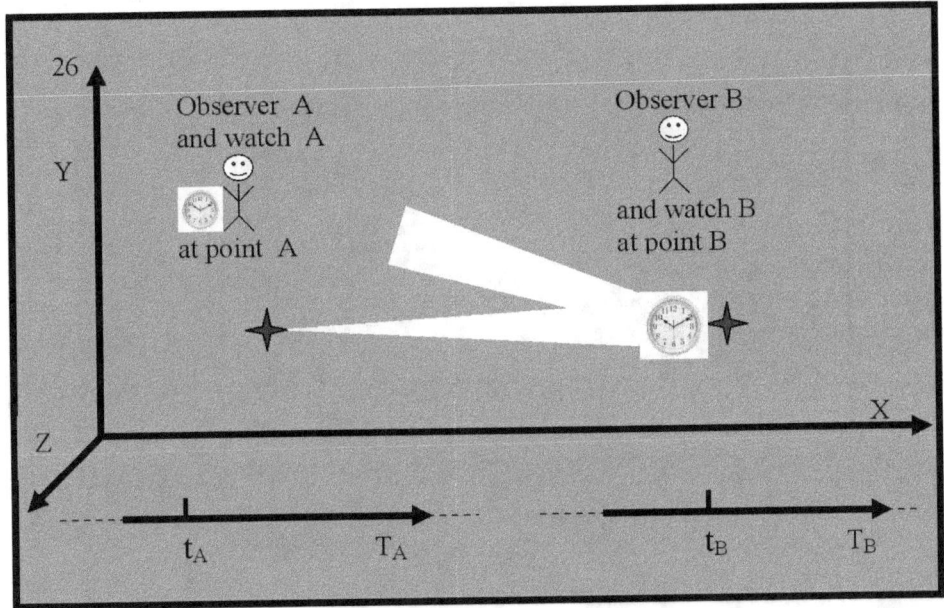

Yn Ffigur 26, gellir gweld nad A yw'r amser yn cael ei ddangos ar echelin amser cloc t_{AB}, oherwydd nid yw wedi'i ddiffinio.

Mae dechrau'r pelydryn golau yn cynnwys gwybodaeth am y darlleniadau o ddwylo cloc B.

Mae dechrau'r pelydryn golau yn cyrraedd sylwedydd A, Gweler ffigur 27.

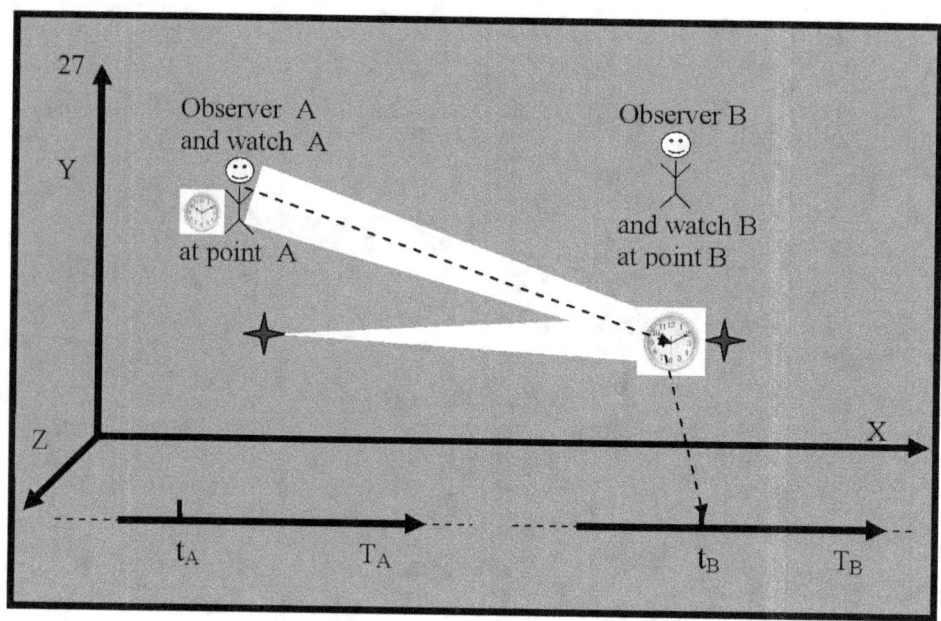

Dengys Ffigur 27 fod arsylwr A yn gweld delwedd ysgafn wyneb cloc B, a darlleniadau dwylo cloc B sy'n dynodi eiliad mewn amser t_B.

Mae sylwedydd A sy'n edrych ar ei oriawr yn gweld bod hyn yn digwydd ar hyn o bryd t'_A.

Gweler ffigur 28.

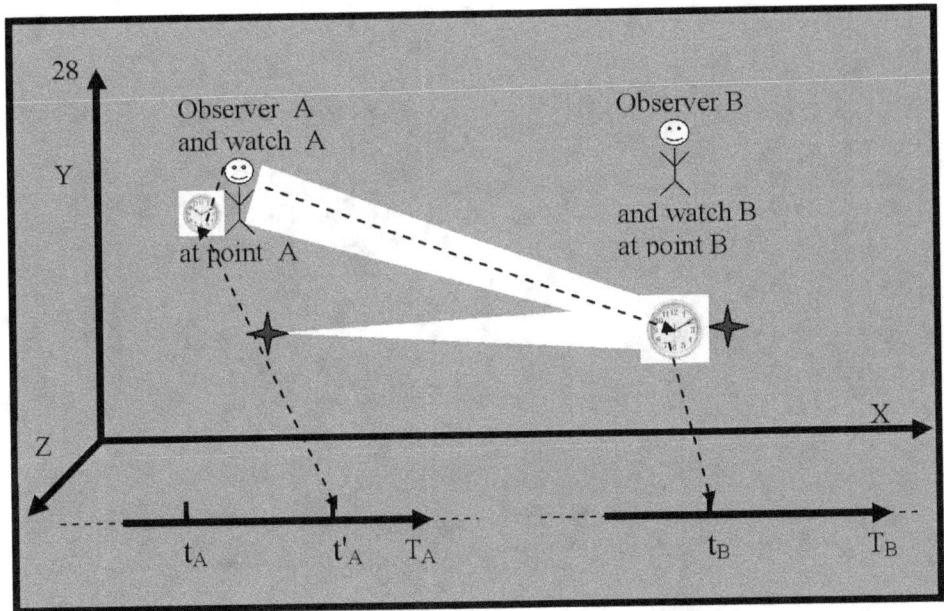

Pan fydd arsylwr A yn gweld darlleniadau dwylo ei oriawr A sy'n dynodi pwynt mewn amser t'_A, bydd dwylo cloc B yn pwyntio at ryw bwynt mewn amser t_{BA}.

Gweler Ffigur 29.

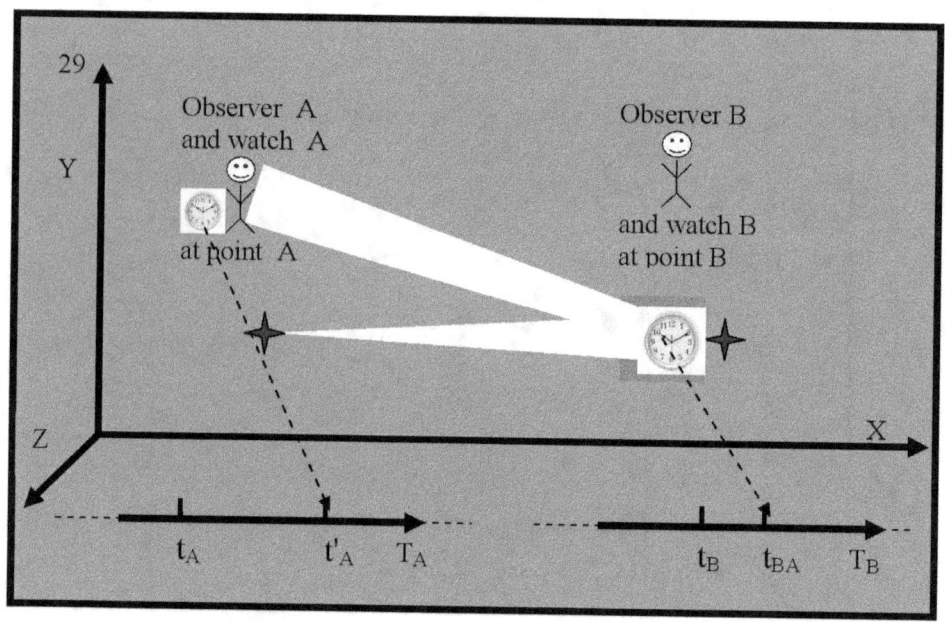

Mae Ffigur 29 yn dangos yr hyn y mae arsylwr yn ei weld A yn ôl ei gloc, a'r hyn y mae arsylwr yn ei weld B yn ôl ei gloc.

Os ydym yn cymryd bod y clociau'n gweithio'n gydamserol, yna t_{BA} mae'n rhaid i'r amser sy'n syth, fod yn hafal i'r amser sydyn t'_A.

Mae dau gwestiwn yn codi.
Y cwestiwn cyntaf yw:

A all arsylwr A wybod bod amrantiad amser t'_A a fesurir gan ei gloc A yn hafal i'r amrantiad amser t_{BA} a fesurir gan gloc B?
Yr ateb yw na.

Mae hyn oherwydd bod arsylwr A yn edrych ar gloc B, ond yno mae'n gweld eiliad mewn amser t_B, a thrwy hynny mae arsylwr A yn pennu amser t'_A. Mae'r ddelwedd ysgafn o ddarlleniadau dwylo cloc B, sy'n dangos y foment mewn amser t_{BA}, ar gloc B.

Pan fydd y ddelwedd ysgafn o ddarlleniadau dwylo cloc B,

sy'n nodi'r amser t_{BA}, yn cael ei ddychwelyd i sylwedydd A, dim ond wedyn y A bydd yr arsylwr yn gweld moment amser t_{BA} ar y cloc B. Ond pan fydd hyn yn digwydd, bydd y cloc A yn dangos amser hollol wahanol. Sylwedydd A, methu gweld **cyd-ddigwyddiad digwyddiad** eiliad mewn amser t'_A, gyda digwyddiad eiliad mewn amser t_{BA}.

sylwedydd A ddweud a phrofi bod y clociau wedi'u cysoni.

Yr ail gwestiwn yw:

A all arsylwr B wybod rhywsut bod amrantiad amser t_{BA} a fesurir gan gloc B yn hafal i'r amrantiad amser t'_A a fesurir gan gloc A?

Yr ateb yw na.

Mae hyn oherwydd, mae sylwedydd B yn edrych ar y cloc A, a bydd yn gweld dwylo'r cloc A, a fydd yn nodi peth amser t_{AB} sy'n wahanol i amser t'_A. Bydd gwerth rhifiadol amrantiad amser t_{AB} rhywle rhwng amrantiad amser t_A ac amrantiad amser t'_A.

Gweler ffigur 30.

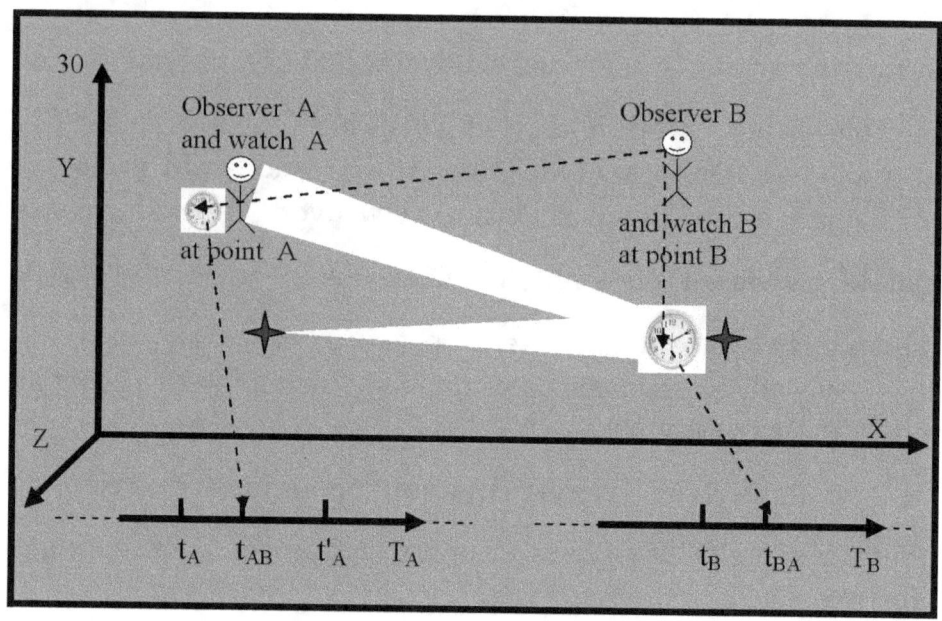

Mae Ffigur 30 yn dangos yr hyn y byddai arsylwr yn ei weld B. Ar gloc, A bydd yn gweld eiliad mewn amser t_{AB}, ar gloc B, bydd yn gweld eiliad mewn amser t_{BA}. Mae'r foment mewn amser t_{AB} yn wahanol i'r eiliad mewn amser t_{BA}.

Cwblhawyd yr ail arbrawf, a gynhaliwyd gennym yn y tywyllwch. Yn fanwl ac yn fanwl, fe wnaethom ddadansoddi symudiad y pelydr golau, a deall y ffordd y mae eiliadau amser yn cael eu cyfrif ar y ddau gloc. Byddwn yn crynhoi'r canlyniadau.

Gweler Ffigur 31.

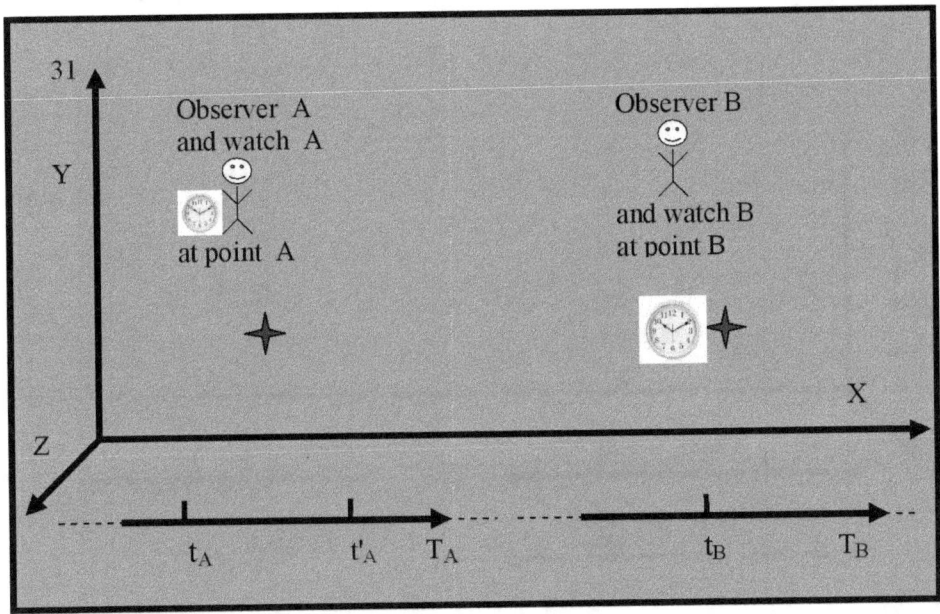

Yn ffigur 31 , dangosir pa eiliadau o amser a welodd sylwedydd A, trwy ei oriawr, a pha eiliadau o amser a welodd arsylwr B, trwy ei oriawr.

sylwedydd B ar ei oriawr eiliad mewn amser t_B pan oedd wyneb oriawr yn cael ei oleuo B.

sylwedydd A ar ei oriawr eiliad o amser t_A - ymddangosiad y pelydryn golau , eiliad o amser t'_A - dychweliad y pelydryn golau , a'r eiliad o amser t_B , o oriawr B.

Byddwn yn dangos y ffaith hon yn y ffigur nesaf, a byddwn yn dadansoddi "golau".

Gweler Ffigur 32.

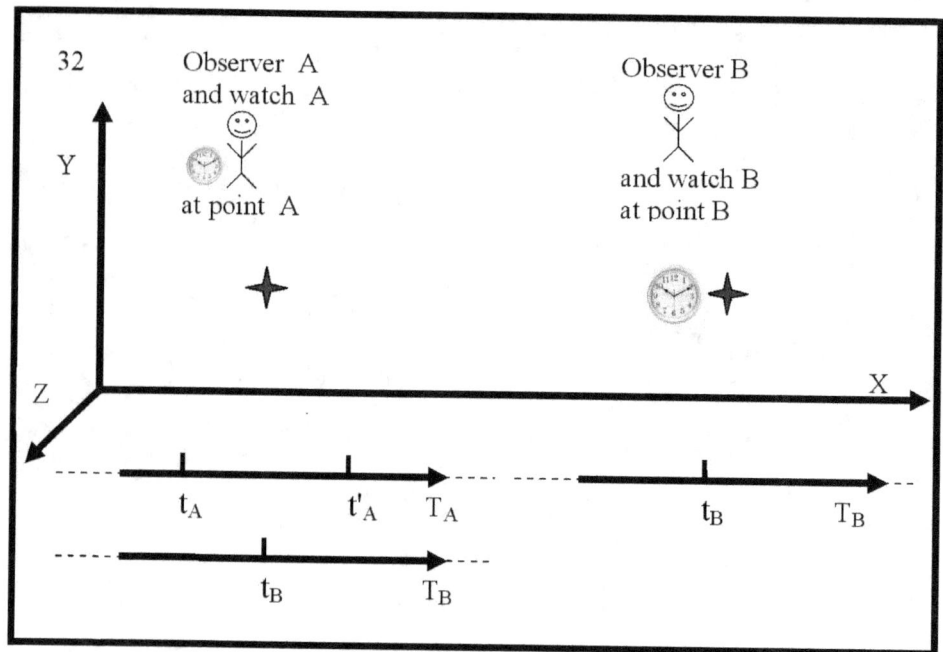

Yn ffigur 32, gellir gweld bod arsylwr isod B yn dangos fector amser gydag amrantiad amser t_B yn cael ei weld gan arsylwr B.

O dan yr arsylwr A dangosir dau fector amser, a'r amrantiadau amser y mae'r arsylwr wedi'u gweld A. Yr ail fector yw un arsylwr B. Yn y modd hwn, gellir cymharu'r ddau fector, a'r eiliadau arnynt.

Ni ellir gosod t_A amrantiad amser t_B sydd ar fector ar y fector amser T_B. Mae hyn oherwydd bod y ddau fector yn dod o ddau gloc gwahanol, ac yn annibynnol. Mae hyn yn bwysig iawn a dylid ei gofio. Mewn llyfrau ffiseg maen nhw'n dangos un fector amser, ac ar y fector hwnnw maen nhw'n dangos amser llawer o wahanol glociau. Mae hynny'n gamgymeriad. Rhaid i bob cloc unigol gael ei fector amser ei hun. Yn y modd hwn, mae'r dadansoddiadau amser yn wir ac yn glir.

Pan fydd clociau'n gweithio'n gydamserol, rhaid iddynt ddangos yr un amrantiadau amser.

Gweler ffigur 33 .

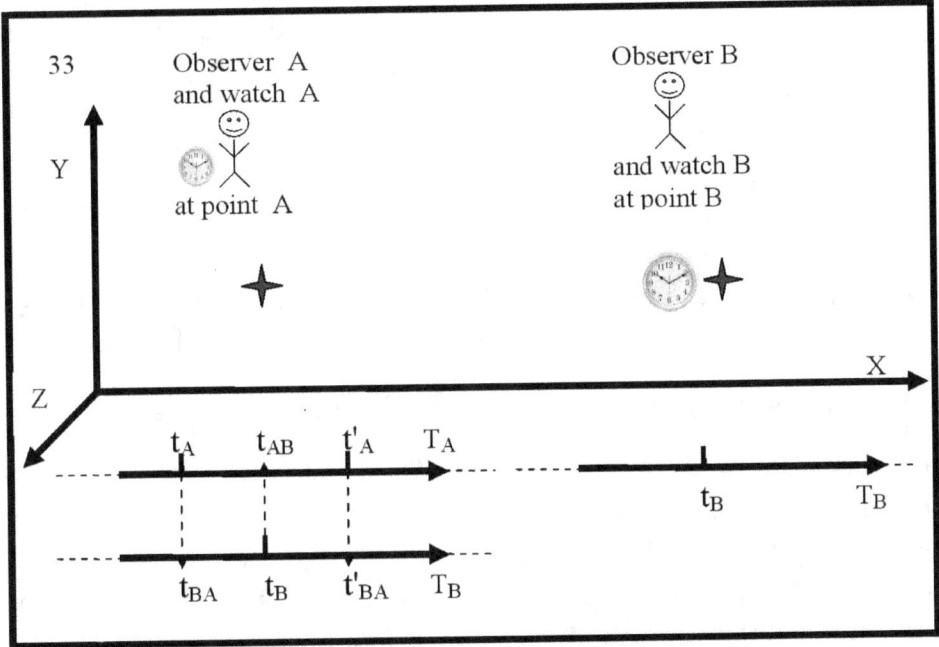

Mae Ffigur 33 yn dangos hynny rhwng y ddau fector amser T_A a T_B mewnosodir saethau toredig. Mae'r saethau'n dangos y berthynas rhwng y gwahanol eiliadau o amser ar y ddau gloc.

Pan fydd cloc A yn dangos eiliad mewn amser t_A, yna mae cloc B yn dangos eiliad mewn amser t_{BA}.

Edrychwch ar ffigur 33.

i werth rhifiadol moment mewn amser t_A fod yn hafal i werth rhifiadol moment mewn amser t_{BA}. Y cydraddoldeb hwn yw'r **amod angenrheidiol cyntaf** i brofi bod y clociau'n cael eu cydamseru. Mae hyn yn golygu bod yn rhaid bod arsylwr A wedi gweld cyd-ddigwyddiad y ddau ddigwyddiad hyn. Cyd-ddigwyddiad y digwyddiad eiliad mewn amser t_A â'r digwyddiad eiliad mewn amser t_{BA}. Yn y dadansoddiad a wnaethom, fe wnaethom ddangos a phrofi na all arsylwr A weld, ac na all brofi, cyd-ddigwyddiad y ddau ddigwyddiad hyn. Ni all sylwedydd A fodloni'r amod angenrheidiol **cyntaf**, ac ni all brofi bod y clociau wedi'u cysoni.

Pan fydd cloc B yn dangos eiliad mewn amser t_B, yna mae cloc A yn dangos eiliad mewn amser t_{AB}.
Edrychwch ar ffigur 33.

i werth rhifiadol moment mewn amser t_B fod yn hafal i werth rhifiadol moment mewn amser t_{AB}. Y cydraddoldeb hwn yw'r **ail amod angenrheidiol** i brofi bod y clociau'n cael eu cydamseru. Mae hyn yn golygu bod yn rhaid i arsylwr B weld cyd-ddigwyddiad y digwyddiad eiliad mewn amser t_B â'r digwyddiad eiliad mewn amser t_{AB}. Yn y dadansoddiad a wnaethom, fe wnaethom ddangos a phrofi na all arsylwr B weld, ac na all brofi, cyd-ddigwyddiad y ddau ddigwyddiad hyn. Ni all sylwedydd B fodloni'r **ail** amod angenrheidiol, ac ni all brofi bod y clociau wedi'u cysoni.

Pan fydd oriawr A yn dangos eiliad mewn amser t'_A, yna mae oriawr B yn dangos eiliad mewn amser t'_{BA}.
Edrychwch ar ffigur 33.

i werth rhifiadol moment mewn amser t'_A fod yn hafal i werth rhifiadol moment mewn amser t'_{BA}. Y cydraddoldeb hwn yw'r **trydydd amod angenrheidiol** i brofi bod y clociau'n cael eu cydamseru. Mae hyn yn golygu bod yn rhaid bod arsylwr A wedi gweld cyd-ddigwyddiad y ddau ddigwyddiad hyn. Cyd-ddigwyddiad y digwyddiad moment-mewn-amser t'_A â'r digwyddiad moment-in-time t'_{BA}. Yn y dadansoddiad a wnaethom, fe wnaethom ddangos a phrofi na all arsylwr A weld, ac na all brofi, cyd-ddigwyddiad y ddau ddigwyddiad hyn. Ni all sylwedydd A gyflawni'r **trydydd** amod angenrheidiol, ac ni all brofi bod y clociau wedi'u cysoni.

Dangosodd ein dadansoddiad na all arsylwr A ac arsylwr B gyflawni'r tri amod, ac na allant gydamseru eu clociau.

Nawr, efallai y bydd rhai o'r darllenwyr yn gwrthwynebu ein bod wedi cyflwyno tri amod newydd ar gyfer gweithrediad cydamserol, ond yn ôl Albert Einstein, er mwyn cydamseru'r clociau, dim ond un amod sydd angen ei gyflawni, sef:

$$t_B - t_A = t'_A - t_B$$

Ydy.

Yn ôl dull Albert Einstein, os yw'r cydraddoldeb yn wir, yna t_B mae, yng nghanol yr egwyl rhwng t_A a t'_A, felly mae'r clociau'n cael eu cydamseru.

Nawr trwy ychydig o ffigurau, byddwn yn dangos dau beth pwysig iawn:

Yn gyntaf.

Byddwn yn dangos y t_B gall yr amrantiad amser **fod** yng nghanol yr egwyl rhwng t_A a t_B, ac eto **ni fydd y clociau'n cael eu** cysoni.

Yn ail.

Byddwn yn dangos efallai **na fydd** yr amrantiad amser t_B yng nghanol yr egwyl rhwng t_A ac t'_A yn dal i **gael y clociau** wedi'u cysoni.

Pan welwn y ddau beth hyn, byddwn yn gwybod bod dull Albert Einstein yn anghywir.

Yn gyntaf byddwn yn dangos clociau rhedeg synchronously.

Gweler ffigur 34.

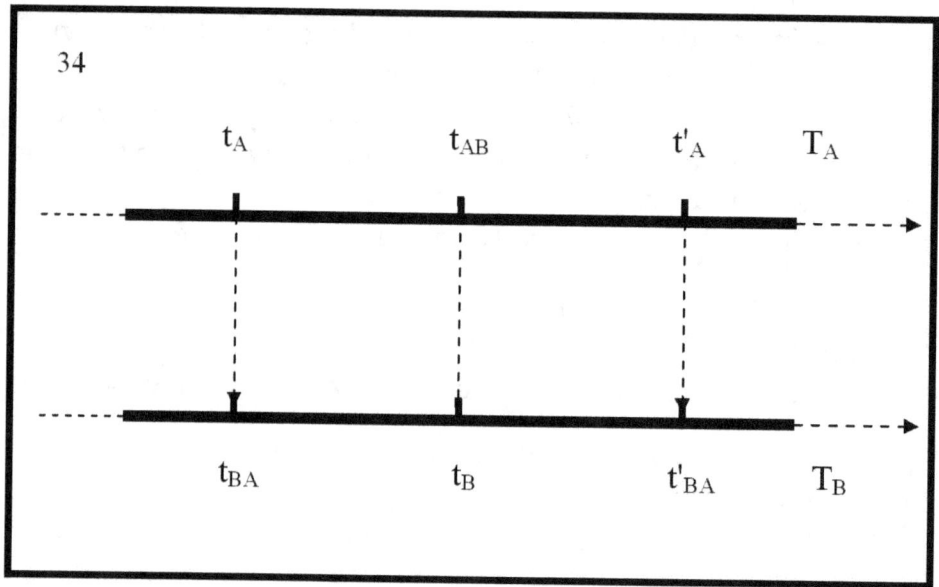

amser cloc A a sydd yn T_A, a fector amser cloc B a sydd yn, T_B yn cael eu dangos.

Mae eiliadau amser cloc A a chloc B yn cyd-daro. Amrantiad amser t_B, yn hafal i amser amrantiad t_{AB}, ac t_B mae yng nghanol y cyfwng rhwng t_A a t'_A. Bodlonir yr holl amodau ar gyfer gweithrediad cydamserol y clociau. Mae'r clociau'n gweithio'n gydamserol.

Yn y ffigur nesaf, mae fectorau amser ac amrantiadau amser y ddau gloc yn cael eu dangos eto.

Gweler Ffigur 35.

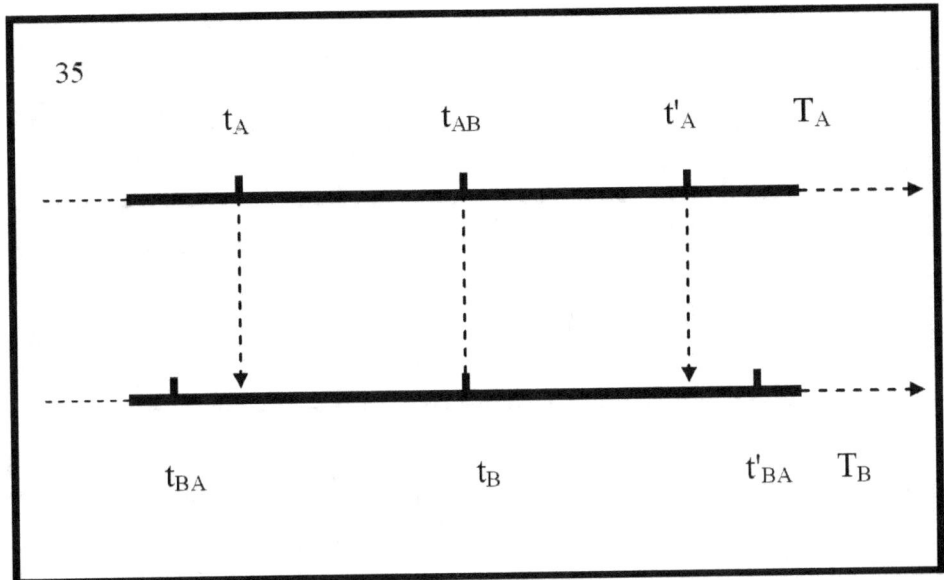

Yn Ffigur 35, gellir gweld nad yw amrantiad amser t_A yn cyd-fynd ag amrantiad amser t_{BA}, ac nid yw amrantiad amser t'_A yn cyd-fynd ag amrantiad amser t'_{BA}. Dim ond yr amser amrantiad t_B, sy'n cyd-fynd â'r amrantiad amser t_{AB}, ac mae yng nghanol yr egwyl rhwng t_A a t'_A. Yn ôl Albert Einstein, pan t_B fydd yn y canol, mae'r clociau'n cael eu cydamseru. Ond gwelwn nad ydynt wedi eu cydamseru. Wrth gynnal arbrawf Einstein, mae'n bosibl cael y canlyniad hwn lle na all yr ymchwilydd ddeall bod gwall.

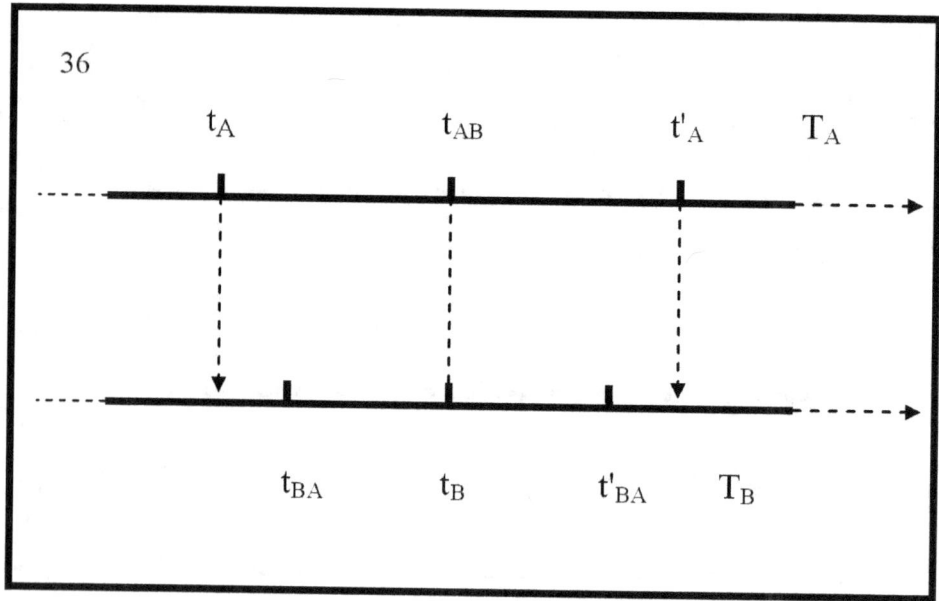

Yn ffigur 36 gwelwn nad yw'r foment t_A yn cyd-fynd â'r foment t_{BA}, ac t'_A nid yw'r foment yn cyd-fynd â'r foment t'_{BA}. Mae'r foment t_B yn cyd-daro â'r foment t_{AB}, ac mae yng nghanol yr egwyl rhwng t_A a t'_A, ond nid yw'r clociau wedi'u cysoni.

Gweler ffigur 37.

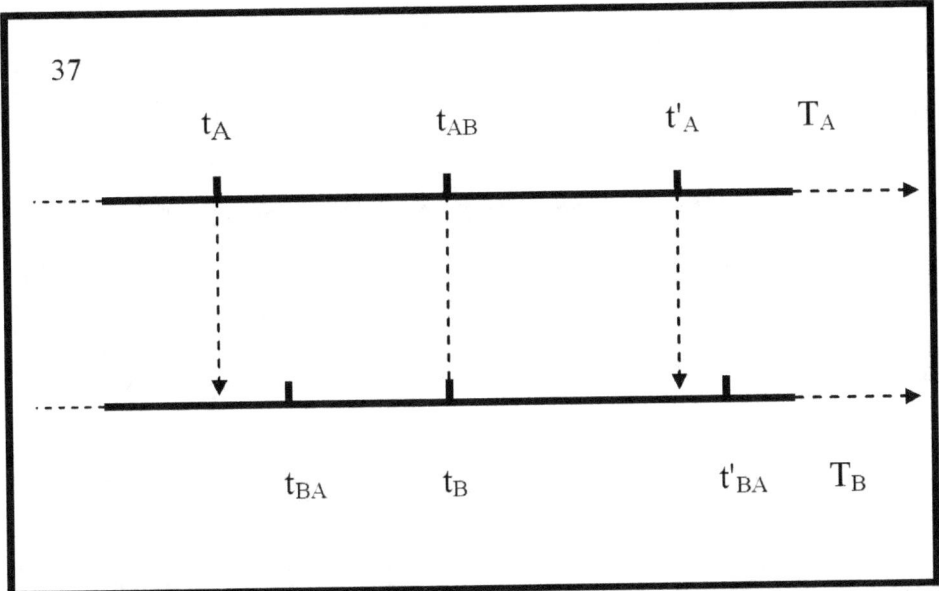

Yn ffigur 37 gwelwn nad yw'r foment t_A yn cyd-fynd â'r foment t_{BA}, ac t'_A nid yw'r foment yn cyd-fynd â'r foment t'_{BA}. Mae'r foment t_B yn cyd-daro â'r foment t_{AB}, ac mae yng nghanol yr egwyl rhwng t_A a t'_A, ond nid yw'r clociau wedi'u cysoni.

Nawr, gadewch i ni weld ffigur 38:

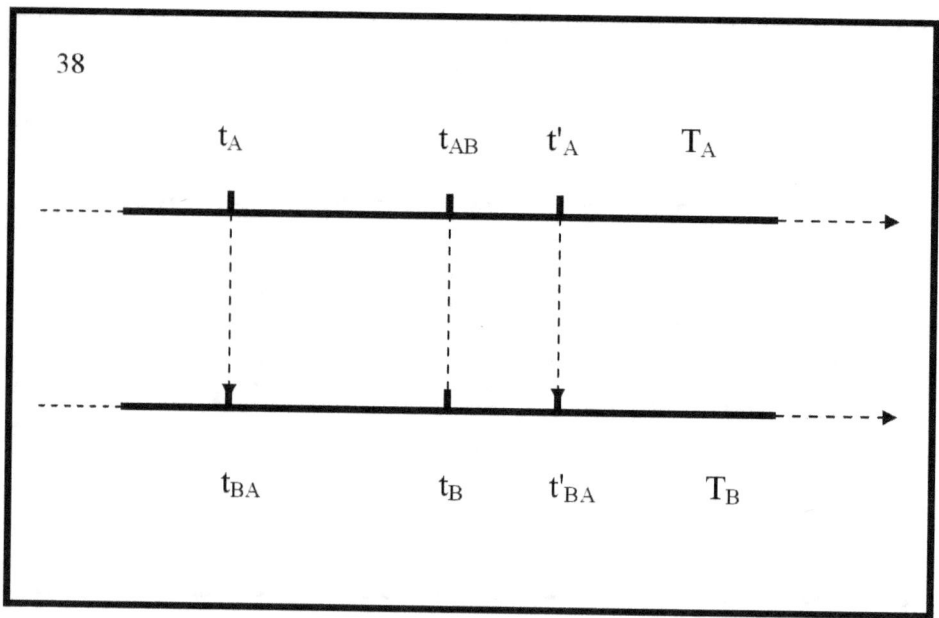

Mae Ffigur 38 yn dangos bod y foment t_A yn cyd-fynd â'r foment t_{BA} y cyflawnir yr amod cyntaf, y foment t_B yn cyd-fynd â hyn o bryd t_{AB}, yr ail amod yn cael ei gyflawni, hyn o bryd t'_A yn cyd-fynd â'r foment t'_{BA}, mae'r trydydd amod wedi'i fodloni.

Mae pob un o'r tair eiliad o amser ar gloc A yn cyd-daro â'r tair eiliad o amser ar gloc B, sy'n golygu bod **y clociau wedi'u cysoni**. Ond gwelwn nad yw'r foment t_B, sy'n cyd-fynd â'r foment t_{AB}, **yng** nghanol y cyfwng rhwng t_A a t'_A. Yn ôl Albert Einstein, os t_B nad yw'r amrantiad, yng nghanol yr egwyl rhwng t_A a t'_A, nid yw'r clociau'n cael eu cydamseru. Mae'n codi'r cwestiwn, pwy sy'n iawn? Ni neu Albert Einstein? Barnwr i chi'ch hun.

Dichon fod rhai o'r darllenwyr a ddarllenodd yr hyn a ysgrifenais yn gwrthwynebu fod y rhain yn ddadansoddiadau manwl iawn, ac yn ymresymu yn ddiangen o gymhleth.

Nid wyf yn cytuno â gwrthwynebiad o'r fath.

Rwy'n anghytuno oherwydd ein bod yn dadansoddi

egwyddorion a sylfaen y Torïaid Perthnasedd.

Mae Damcaniaeth Perthnasedd, yn ei ffurf orffenedig, yn ystyried yr holl effeithiau sy'n gysylltiedig ag amser corfforol. Yn y Theori Perthnasedd, mae amser yn swm amrywiol. Mae cyflymder amser yn wahanol, ac mae'n dibynnu ar ddisgyrchiant a'r cyflymder y mae gwahanol gyrff corfforol yn symud yn gymharol â'i gilydd.

Er enghraifft, yn y Theori Perthnasedd, mae ffenomen y twll du. Mewn twll du, mae cyflymder amser yn sero, ac mae pob eiliad yn dod yn gyfwng amser anfeidrol o hir.

Felly, wrth gydamseru clociau a fydd yn mesur amser yn y Theori Perthnasedd, rhaid i'r dulliau cydamseru fod yn fanwl iawn. Rhaid dadansoddi'r holl gamau gweithredu sy'n cael eu perfformio ac sydd wedi'u hanelu at gydamseru yn ofalus. Ni chaniateir amwyseddau ac anghywirdebau.

4. ATEB I'R BROBLEM

Mae meini prawf amrywiol yn bosibl ar gyfer profi gweithrediad cydamserol o leiaf dau gloc.

Mae'n bwysig gwybod a chofio bob amser:

Yn gyntaf:

Mae maint y meini prawf posibl ar gyfer profi symudiadau cydamserol yn anfeidrol fawr.

Gweler "Amser. Gofod. Symudiad. Gorffwys. Perthnasedd. Absolute" LAP LAMBERT Cyhoeddi Academaidd (2018-08-30)

Yn ail:

Mae'r diffiniad o feini prawf penodol yn cael ei wneud gan yr ymchwilydd. Mae'r dewis o ddull penodol yn dibynnu ar y tasgau gwyddonol ac ymchwil i'w datrys. Mae'r dewis o ffordd (dull) bob amser yn gonfensiwn, sef cytundeb rhwng o leiaf ddau ymchwilydd.

Trydydd:

Mae maen prawf synchronicity yn berthnasol i gyflwr mudiant o leiaf dau beth. Ni ellir cymhwyso'r maen prawf synchronicity at y cyflwr gorffwys.

Pedwerydd:

maen prawf ar gyfer *gweithrediad cydamserol* o leiaf ddau gloc yn rhywbeth gwahanol i'r maen prawf ar gyfer *mesur amser cydamserol a chywir* gan o leiaf ddau gloc.

Byddwn yn ystyried ac yn dadansoddi'r meini prawf Clasurol ar gyfer gwirio gweithrediad cydamserol o leiaf dau gloc. Gyda chymorth ffigurau, byddwn yn dangos sut mae symudiadau'n cael eu cysoni.

Gweler Ffig. 3 9.

CAMGYMERIAD CYNTAF EINSTEIN

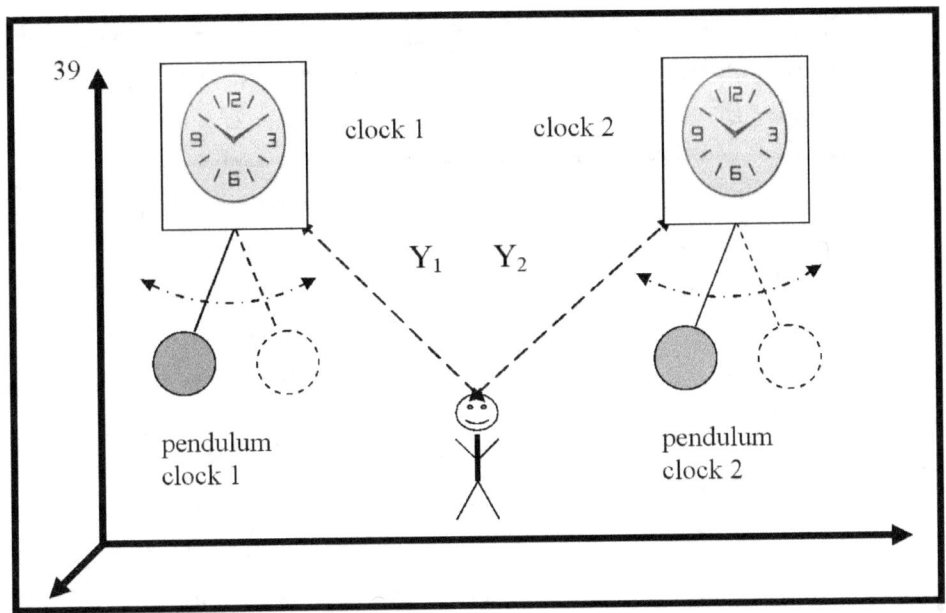

Yn Ffigur 3 9, mae dau gloc cylchol mecanyddol yn weladwy. Clociau cylchol mecanyddol yw'r rhai sydd â phendulum.

Gweler "Amser. Gofod. Symudiad. Gorffwys. Perthnasedd. Absolute" LAP LAMBERT Cyhoeddi Academaidd (2018-08-30)

Gwelir sylwedydd sydd yr un mor bell oddi wrth y clociau. Mae'r pellter Y_1 yn hafal i'r pellter Y_2.

Mae'r arsylwr wedi'i leoli mewn modd sydd wedi'i ddiffinio'n fanwl gywir mewn perthynas â'r clociau. Mae'r ffordd y mae'r arsylwr wedi'i leoli yn galluogi'r arsylwr i weld pendil cloc un a pendil cloc dau.

Mae Cloc Pendulum Un a Chloc Pendulum Dau wedi'u lleoli ar y chwith eithaf.

Mae'r llinell doredig yn dangos y safle eithaf ar y dde y bydd y pendil yn siglo ar gloc un a'r safle pellaf ar y dde y bydd y pendil yn siglo ar gloc dau.

Yn y safle eithaf ar y dde ac yn y safle chwith eithafol, mae pendil cloc un a pendil cloc dau yn llonydd.

Yn yr achos cyffredinol, efallai na fydd y clociau'n

cydamseru, ac yna bydd pendil cloc un a pendil cloc dau yn symud yn gymharol â'r sylwedydd mewn modd anghyfnewidiol.

Gweler Ffigur 40.

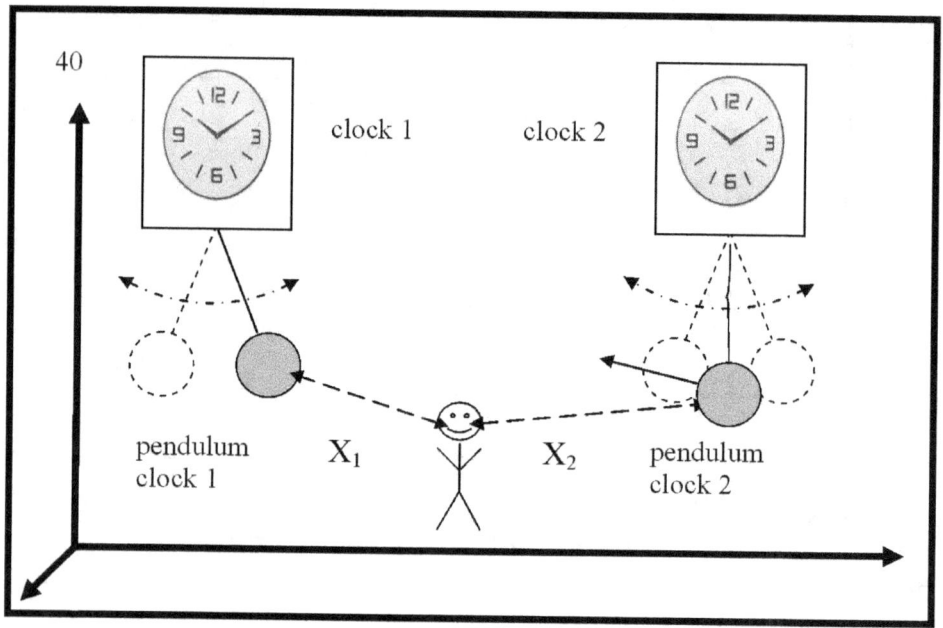

Mae Ffigur 40 yn dangos bod pendil cloc un yn llonydd o'i gymharu â'r sylwedydd. Ond, yn y ffigur, dangosir bod pendil cloc dau, yn parhau i symud ac yn mynd at yr arsylwr. Mae'r pellter X_1 yn llai na'r pellter X_2.

Yn yr achos hwn, rhaid i'r arsylwr gymryd y camau angenrheidiol i gael cyd-ddigwyddiad o'r digwyddiad "cyflwr gorffwys pendil un" gyda'r digwyddiad "cyflwr gorffwys pendil dau". Gellir gwneud hyn mewn gwahanol ffyrdd. Ni fyddwn yn disgrifio'r gweithdrefnau y mae'n rhaid eu cyflawni i gael digwyddiadau paru. Byddwn yn dadansoddi dull ar gyfer gwirio gweithrediad cydamserol y ddau gloc.

Byddwn yn ystyried achos arbrofol lle tybir bod y clociau wedi'u cysoni a bod angen eu gwirio.

Gweler Ffigur 41

CAMGYMERIAD CYNTAF EINSTEIN

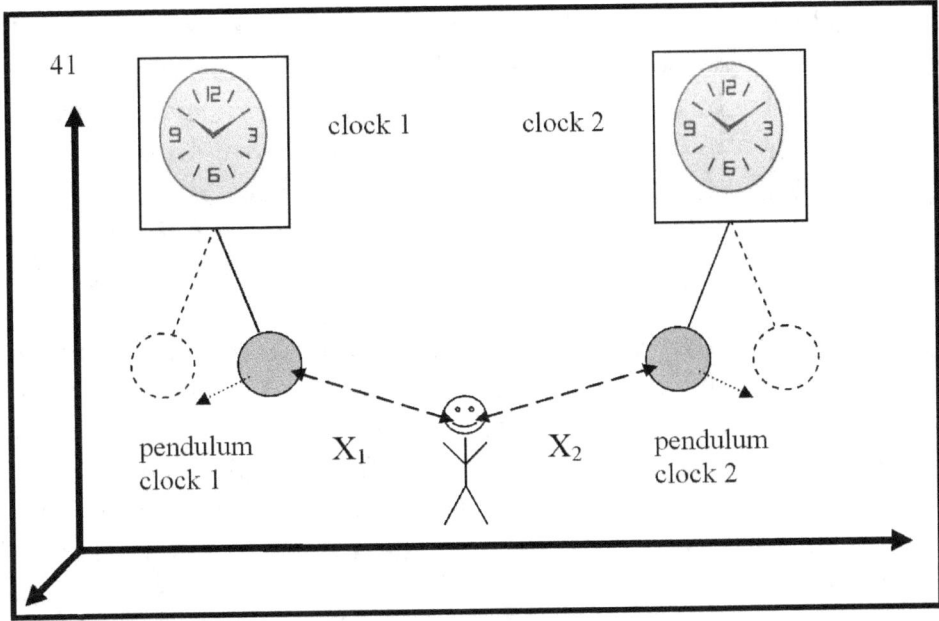

Mae Ffigur 41 yn dangos pendil cloc un a pendil cloc dau yn symud i gyfeiriadau dirgroes. Pan fydd pendil cloc un yn symud i'r chwith, mae pendil cloc dau yn symud i'r dde. Mae'r arsylwr yn arsylwi symudiad pendil y ddau gloc Rhaid i'r arsylwr benderfynu bod symudiad y ddau bendulum yn gydamserol. Rhaid i'r arsylwr ddewis meini prawf ar gyfer symudiad cydamserol pendil un a phendil dau. Gwneir hyn yn y modd canlynol.

Mae'r sylwedydd yn sylwi pan fydd pendil cloc un agosaf at yr arsylwr, pendil cloc un, yn ddisymud o'i gymharu â'r arsylwr, yna mae'n dechrau symud i'r cyfeiriad arall.

Pan fydd pendil cloc dau agosaf at yr arsylwr, mae pendil cloc dau yn llonydd o'i gymharu â'r arsylwr, yna'n dechrau symud i'r cyfeiriad arall. Mae cyflwr yr ystafelloedd yn yr un ystafell wely a chyflwr yr ystafelloedd yn ystafell wely dau yn ddau ddigwyddiad gwahanol. Caiff yr arsylwr gyfle i arsylwi a gwirio cyd-ddigwyddiad y ddau ddigwyddiad.

Pan fydd cyd-ddigwyddiad o'r ddau ddigwyddiad yn digwydd, mae'r sylwedydd yn uno'r ddau ddigwyddiad yn un digwyddiad newydd a elwir yn "gyd-ddigwyddiad o ddigwyddiad *pendil gorffwys un* gyda *digwyddiad pendil gorffwys dau* ". Mae'r digwyddiad "cyd-ddigwyddiad o ddigwyddiad *wrth orffwys pendil un* gyda digwyddiad *ar orffwys pendil dau*" yn amod angenrheidiol i'r sylwedydd brofi bod symudiad pendil un yn cydamserol â symudiad pendil dau. Ond nid yw hynny'n ddigon. Amod digonol yw pan fydd y digwyddiad " cyd-ddigwyddiad y digwyddiad o *orffwys pendil un* gyda'r digwyddiad o *orffwys pendil dau* " yn digwydd unwaith eto. Dylid gwneud hyn ar y cylch siglen nesaf sef pendil un a phendulum dau.

Mae'r arsylwr yn gwybod nad yw symudiad pendil cloc un a chloc dau wedi'i gydamseru eto, felly, mae'r arsylwr yn parhau i fonitro symudiad pendil un a pendil dau yn ofalus. Mae'r sylwedydd yn disgwyl, yn y cylch nesaf, o symudiad pendil un a pendil dau, am yr eildro, unwaith eto, y bydd y digwyddiad "cyd-ddigwyddiad o *orffwys pendil un* gyda *gweddill pendil dau* " yn digwydd .

orffwys pendil un gyda *pendil gorffwys dau* " yn digwydd unwaith eto (am yr ail dro yn yr un modd) yna gall yr arsylwr ddod i'r casgliad bod y symudiad y pendil un, yn cydamserol â symudiad pendil dau.

Mae'n bwysig gwybod a chofiwch y gall y sylwedydd arsylwi ar y digwyddiad " cyd-ddigwyddiad o *orffwys pendil un* gyda *gweddill pendil dau* " os a dim ond oherwydd (a phryd) , mae wedi ei leoli yr un **mor bell** oddi wrth y ddau gloc . Os na chaiff yr amod hwn ei fodloni, ni ellir arsylwi ar y cydweddiad.

Mae'r meini prawf a ddangosir ar gyfer symudiadau cydamserol yn elfennol. Mae meini prawf llawer mwy cymhleth yn bosibl. Mater i'r ymchwilydd yw'r dewis.

Rydym wedi disgrifio'n fanwl iawn ddull y gellir ei ddefnyddio i bennu symudiadau cydamserol a gweithrediad cydamserol dau gloc.

Yn y meini prawf penodedig a ddefnyddiwyd gennym, ni ddefnyddir y cysyniad o amser yn unman. Gwneir hyn yn hollol fwriadol. Nid oes angen i gynigion cydamserol (symud trwy'r gofod) y syniad o amser corfforol gael eu profi neu eu gwrthbrofi.

Mae angen symudiadau cydamserol profedig ar ffenomen amser. Pan ddangosir symudiadau cydamserol, mae'n bosibl dadansoddi ffenomen amser corfforol.

5. DADANSODDIAD 02.02.2022.

Gwnaed yr ymdrafodaeth hon ar yr ail ddydd o Chwefror, dwy fil a dwy-ar-hugain. Mae'n hwyl.

Ym 1905, cyhoeddodd Einstein yr erthygl " Zur elektrodynamik symudwr Körper ", Annalen der Physik , 1905 17, 891-921.
Ym mharagraff dau o'r erthygl, mae Einstein yn diffinio dwy egwyddor Perthnasedd Arbennig, fel a ganlyn:

Egwyddor gyntaf.

Nid yw'r cyfreithiau y mae cyflwr systemau ffisegol yn newid yn dibynnu ar ba un o'r ddwy system mewn mudiant unionlin unffurf o gymharu â'i gilydd y cyfeirir at y newidiadau hyn.

Ail egwyddor.

Mae pob pelydryn golau yn symud mewn system gyfesurynnau gorffwys gyda chyflymder penodol V , ni waeth a yw'r pelydryn hwn yn cael ei allyrru o orffwys neu gorff symudol. Yn ogystal, $velocity = \frac{beam..path}{time..interval}$ **fel "cyfwng amser" dylid deall yn yr ystyr y diffiniad ym mharagraff un ".**

Nodyn: ($velocity = \frac{beam..path}{time..interval}$) = (cyflymder = llwybr trawst / cyfnod amser)

Ond , mae'n ddrwg gennyf nodi nad yw Einstein ym mharagraff un yn rhoi diffiniad o " **cyfwng amser** ". Yn waeth byth, ym

mharagraff un o mae Einstein, nid unwaith, yn defnyddio'r term
" **cyfwng amser** ". Ac eto mynnodd Einstein y dylid deall **ysbaid amser** yn ystyr paragraff un.
Beth mae'r ymadrodd yn ei olygu:

"... i'w ddeall o fewn ystyr y diffiniad ym mharagraff un".

Ni all hwn fod yn ddiffiniad. Nid yw'r ffordd hon o ddadansoddi yn gywir. Mae hyn yn arwain at gamddealltwriaeth a chyfres o gamgymeriadau. Mae hyn yn golygu pan fydd ymchwilwyr gwahanol yn darllen paragraff un, byddant yn cael syniadau gwahanol am **ysbaid amser** . Pan fyddan nhw'n cael syniadau gwahanol, byddan nhw'n meddwl yn wahanol am **yr egwyl amser** . Mae hynny'n iawn, ni ddylai ddigwydd. Mae pobl yn wahanol ac yn gweld gwybodaeth mat yn wahanol. Mae hyn yn gwbl normal, a bydd bob amser. Dyma'r rheswm pam y dylai pob ymchwilydd unigol gynnig diffiniadau mor glir, mor fanwl gywir ac mor fyr â phosibl.
Yna darllena'r darllenydd y diffiniad, a chreir yn ei feddwl syniad clir o'r ffenomen a ddiffinnir . Pan fydd cynrychioliadau dau ymchwilydd yn glir, gall y ddau gynrychioliad hyn fod yn union yr un fath. Dyma bwrpas pob diffiniad unigol sy'n cael ei greu mewn gwyddoniaeth.
Ni chyflawnodd Einstein y nod hwn. Mae gen i'r teimlad nad oedd, am ryw reswm, wedi gosod tasg o'r fath iddo'i hun, ac fel pe na bai'n fwriadol yn cynnig diffiniad o'r cysyniad o "cyfwng amser". Efallai y bydd rhai darllenwyr yn dadlau nad yw hyn mor bwysig, ac nid yw o bwys i Ddamcaniaeth Arbennig Perthnasedd. Atebaf fel hyn: Rwy'n anghytuno'n bendant. Mae'r **cyfwng amser** yn gysyniad sylfaenol a phwysig mewn Perthnasedd Arbennig, efallai'r pwysicaf o'r ddwy egwyddor. Mae'r **cyfnod amser** yn chwarae rhan allweddol yn y gwaith o greu cyfarpar mathemategol Damcaniaeth Perthnasedd Arbennig . Mae'r ymadroddion mathemategol yn elfennol, ac mae'n hawdd gweld, pan fydd Damcaniaeth Perthnasedd yn cael ei chreu, bod y " **cyfwng amser** " yn dod yn **amser corfforol** , trwy

fformiwla Lorentz . Einstein oedd y cyntaf i gynnig diffiniad o'r cysyniad o Amser Corfforol. Yn fy marn i, dyma ei brif gyfraniad i wyddoniaeth. Mae amser corfforol yn gysyniad sylfaenol (sylfaenol, pwysig) yn y Theori Arbennig Perthnasedd, yn Theori Gyffredinol Perthnasedd , ac yng ngwyddoniaeth ffiseg. Nid oedd unrhyw un arall cyn Einstein wedi damcaniaethu bod y ffenomen o AMSER CORFFOROL yn bodoli.

Mynegodd Einstein y ddamcaniaeth hon ym 1910 yn yr erthygl " Le principe de relativite ses results dans physique moderne " . Yn y papur hwn, defnyddiodd Einstein ysbeidiau o amser a thrwyddynt greu damcaniaeth AMSER CORFFOROL.

Felly , wrth ddiffinio'r term "cyfwng amser", rhaid i'r diffiniad fod yn berffaith glir, yn berffaith fanwl gywir, yn berffaith fanwl gywir. Pan fyddo eglurdeb, manylrwydd, a manylrwydd yn absennol, golyga y gall damcaniaethau cuddiedig, a gwirioneddau axiomatig manwl , neu hanner-diffiniadau, fod yn bresennol . Dyna pryd mae'r camgymeriadau a'r fallacies mwyaf mewn gwyddoniaeth yn ymddangos.

Yn y fformiwla benodedig $t_B - t_A = t'_A - t'_B$, mae'r cyfwng amser yn cael ei ddiffinio, yn unig a dim ond ar gyfer cloc A. Yn y fformiwla a roddir, nid oes cyfwng amser cloc B. Defnyddir B y cyfnod amser ar gyfer cloc , mewn ffurf gudd , ac ar gyfer cloc A. Dyma'n union yr hyn a elwir yn ddamcaniaeth gudd. Yn rhan gyntaf yr erthygl rwy'n ceisio dangos beth yw canlyniadau'r ddamcaniaeth gudd hon. Yn ôl Einstein, mae'r clociau'n cael eu cydamseru, ond o'r dadansoddiad rydyn ni wedi'i wneud, mae'n amlwg iawn efallai na fydd y clociau'n cael eu cydamseru. Dyma enghraifft glasurol o sut mae un anghywirdeb yn arwain at ansicrwydd yn y rhagdybiaeth gyfan. Mae'r amhenderfynoldeb hwn yn troi'n anghywirdeb, ac mae iddo ganlyniadau difrifol i Berthnasedd Arbennig, Perthnasedd Cyffredinol , a gwyddoniaeth ffiseg.

Mae llawer o ymchwilwyr gwahanol wedi dadansoddi Damcaniaeth Arbennig Perthnasedd, ac wedi dangos eu hagwedd bersonol tuag at ddamcaniaeth Einstein. Mae un rhan yn gefnogwyr, rhan arall yn wrthwynebwyr. Mae'r ddau yn cytuno mai'r ddwy egwyddor yw'r rhai pwysicaf a dyma sail Damcaniaeth Arbennig Perthnasedd. Ond mae'r ddau yn aml iawn yn gwneud yr un camgymeriad, sef, nid ydynt yn dyfynnu'r ail egwyddor gyfan. Nid ydynt yn sylwi fod brawddeg olaf yr egwyddor yn rhan o'r egwyddor ei hun, ac yn cynrychioli **cyfwng amser**. Os byddant yn ei ddyfynnu, nid ydynt yn talu sylw i'r hyn a ddywedwyd ac nid ydynt yn ei ddadansoddi.

Unwaith eto yr ail egwyddor:

Mae pob pelydr golau yn symud mewn system cydlynu gorffwys gyda chyflymder penodol V **, ni waeth a yw'r pelydr hwn yn cael ei allyrru o orffwys neu gorff symudol.** Ar ben hynny, $$velocity = \frac{beam\ path}{time\ interval}$$ fel "cyfwng amser" dylid ei ddeall yn yr ystyr y diffiniad o baragraff un ".

Ym mrawddeg olaf yr ail egwyddor (yr un goch), defnyddiodd Einstein y term " **cyfwng amser** " am y tro cyntaf, ac yn syth wedyn honnodd fod " **cyfwng amser** " wedi'i ddiffinio ym mharagraff un. Rwyf wedi darllen paragraff un yn ofalus iawn ac dro ar ôl tro. Roeddwn i eisiau dod o hyd i ddiffiniad o "cyfwng amser". Yn anffodus, ni wnes i ddod o hyd i ddiffiniad o'r fath. Os bydd unrhyw ddarllenydd yn llwyddo, dewch i mewn. Byddaf yn ddiolchgar.

Ni allaf dderbyn diffiniad o'r fath ag a gynigir yn y modd hwn. **Mae angen diffiniad o reng egwyddor i'r** cysyniad **o gyfwng amser**, mewn perthynas â Damcaniaeth Perthnasedd. Yn Namcaniaeth Perthnasedd, mae " **cyfwng amser** " yn rhyw fesur neilltuol, SAINT AMSER, O ANSAWDD AMSER CORFFOROL. Ile, mae ANSAWDD AMSER CORFFOROL yn gymharol. Mae'r ffenomen " **cyfwng amser** " yn bresennol ym MHOB UN GWIRIONEDDOL ANGENRHEIDIOL. Mae'n bresennol yn hollol ar yr un pryd, ac mae'n gysylltiedig â'r categori athronyddol AMSER, a'r ffenomen sy'n bodoli'n wrthrychol AMSER.

****

Diffinnir y cyfwng ar gyfer un cloc yn unig, a rhaid i'r cyfwng hwn fod yn hafal i gyfwng y cloc arall. Yma mae'r cwestiwn yn codi, beth mae cydraddoldeb dau ysbaid amser yn ei olygu. Rhaid profi cyd-ddigwyddiad o ddau bwynt mewn amser bob amser . Rhaid i amser cychwyn y cyfwng cyntaf gyd-fynd ag amser cychwyn yr ail gyfwng, a rhaid i amser gorffen y cyfwng cyntaf gyd-fynd ag amser diwedd yr ail gyfwng. Gelwir hyn yn gyd-ddigwyddiad o ddigwyddiadau mewn amser, sy'n syniad perffaith o Einstein. Pan brofir y cyd-ddigwyddiad, yna mae'n bosibl nodi bod y ddau gyfwng yn hafal. Dyma'r farn, ac yn y pen dynol mae syniad o gydraddoldeb dau ysbaid o amser yn cael ei greu . Rhaid cofio bob amser fod y syniad o rywbeth yn wahanol i'r peth ei hun. Mae'r cysyniad o amser yn wahanol i ffenomen amser. Dywedaf hyn oherwydd fy mod yn gwbl argyhoeddedig bod y cysyniad o **ffenomen amser corfforol** yn hollol wahanol i'r cysyniad o **ffenomen amser athronyddol** . Mae'r categori athronyddol **o amser** yn dynodi ffenomen o realiti sy'n sylfaenol wahanol i amser corfforol Einstein. Mae datblygiad modern ffiseg yn dangos nad yw'r ffaith hon yn cael ei hystyried.

****

Mae mesur swm **o amser** yn cael ei wneud gan ddefnyddio " **cyfwng amser** " ac fe'i defnyddir i fesur pellter. Wrth fesur pellter, defnyddir safon. Mae gan bob meincnod (ar gyfer pellter) ddau bwynt terfyn. Mae dau bwynt terfyn y cwpon yn cyd-daro â dau bwynt o EFFEITHIOLRWYDD UN ANFANTOL.
Mae cyd-ddigwyddiad pwyntiau yn y Gofod yn absoliwt. Mae cyd-ddigwyddiad dau bwynt un llinell â dau bwynt llinell arall bob amser yn gwbl gydamserol. Mae'n **ddigwyddiad o ddigwyddiadau mewn amser** . Nid oes angen damcaniaeth amser cymharol ar gyd-ddigwyddiad y pwyntiau hyn. Pan nad yw'r safon yn symud, rhaid i gyd-ddigwyddiad pwyntiau yma ac yn awr fod yn gwbl gydamserol â chyd-ddigwyddiad pwyntiau yn y

fan a'r lle.

Y gwir ddatganiad yw:

Yna , **yma ac yn awr** , mae gennym gyd-ddigwyddiad â , **yn y fan a'r lle** .

Mae yn y fan a'r lle yn ôl y cloc, **yma ac yn awr** . Pan fo'r pellteroedd yn tueddu i fod yn anfeidrol fawr , neu'n anfeidrol fach, mae pennu **cyfwng amser** yn dasg anodd. Ac os nad oes diffiniad manwl gywir, mae'r **cyfnod amser** yn dod yn iwtopia.

6 DADANSODDIAD 22022022

Perfformiwyd y dadansoddiad hwn ar Chwefror yr ail ar hugain, dwy fil, dau ddeg dau. Cyd-ddigwyddiad doniol arall.

Yn ei ddadansoddiad, defnyddiodd Einstein gysyniadau amser, gofod, cyfwng amser, amrantiad amser, meini prawf cydamseru, cloc, a mesur amser. Defnyddiodd Einstein gysyniadau gyda'r syniad bod cysyniadau yn hynod o glir, dealladwy ac nad oes angen esboniad arnynt. Ond nid felly y mae. Mae'r cysyniadau a restrir yn dynodi rhai ffenomenau ffisegol. Mae **ffenomenau** ffisegol yn bodoli'n wrthrychol. Mae bod yn wrthrychol yn golygu bod ffenomenau yn annibynnol ar ymwybyddiaeth (meddwl dynol) a'u bod y tu allan i ymwybyddiaeth ddynol ac nad ydynt yn gynnyrch ymwybyddiaeth ddynol. Mae gan ffenomenau corfforol hanfod penodol. Hanfod unrhyw ffenomen benodol yw set o rannau unigol. Mae gan bob rhan eiddo penodol. Mae pob eiddo yn fath o gynnig neu'n fath o orffwys.

Mae swm y rhanau unigol yn perthyn i hanfod cyfan . Mae ymwybyddiaeth yn adlewyrchu'r ffenomen a'i hanfod. Mae meddwl yn ffurf uwch o fyfyrio (chwiliwch y Rhyngrwyd am "Theory of Reflection" Academydd Todor Pavlov). Mae'r broses o feddwl yn cwmpasu rhyw ran o'r set anfeidrol o gysylltiadau posibl rhwng priodweddau'r rhannau, o hanfod y ffenomen. Mae'r rhain yn gydberthnasau posibl rhwng mathau o symud a ffurfiau o orffwys. Mae meddwl, fel ffurf uwch o fyfyrio, am bwnc penodol yn unigol, yn unigol, sy'n golygu ei fod yn absoliwt. Mae hyn yn golygu nad oes unrhyw ddau endid yn meddwl yr un peth yn yr UN REALITI ANFHEFIN. Mae pob endid arbennig yn unigol, yn absoliwt, ac yn adlewyrchu'r UN GWIRIONEDDOL ANGENRHEIDIOL, yn ei ffordd oddrychol unigryw ei hun. O ganlyniad i'r myfyrdod, mae syniadau am ffurf a chynnwys **y cysyniad** yn ymddangos ym meddwl y pwnc, a thrwy hynny mae'r ffenomen bresennol wedi'i dynodi'n wrthrychol. Mae pynciau'n dadansoddi ac yn cyfathrebu trwy gysyniadau diriaethol. Mae ffurf y cysyniad concrit a ddefnyddir gan wahanol bynciau yr un peth (yr un gair ydyw), ond mae cynnwys y cysyniad concrit a ddefnyddir gan wahanol bynciau yn wahanol. Mae gwyddoniaeth ddynol yn ganlyniad perfformio dadansoddiadau goddrychol cyfunol, a llunio casgliadau penodol trwy gysyniadau penodol. Mae pynciau'n datgan bod casgliadau concrid a chysyniadau concrit yn wirionedd goddrychol (damcaniaeth), ac mae hwn yn gonfensiwn, yn gontract gwirionedd goddrychol, sy'n ddamcaniaeth. Yn y ddamcaniaeth, mae'r un cysyniadau â gwahanol gynnwys yn bresennol. Mae presenoldeb cysyniadau â chynnwys gwahanol yn golygu bod yna bresenoldeb o ddamcaniaethau cudd axiomatig.

Un o dasgau pwysig gwyddoniaeth ddynol yw pennu a dileu gwirioneddau cudd, ymhlyg, gwenwynig, goddrychol.

Mae ffiseg fodern yn llawn damcaniaethau mympwyol sydd wedi'u cuddio ym mhob gwyddor ddynol. Mae hwn yn ddiffyg sylweddol y gellir ei oresgyn trwy ddefnyddio dulliau gwyddonol priodol. Mae Theori Gwybodaeth (epistemoleg) yn ein cyfeirio at wyddoniaeth Athroniaeth, sef Methodoleg mewn perthynas â'r gwyddorau preifat. Byddaf yn defnyddio'r ffaith hon i greu amgylchedd diffiniad addas. Mae'r amgylchedd diffiniad yn swm o ddiffiniadau o gysyniadau ffisegol pwysig, a rheolau ar gyfer sut y defnyddir y diffiniadau.

7. DIFFINIAD AMGYLCHEDD

Diffiniad un.
categori athronyddol AMSER yn dynodi **ffenomen** AMSER.

Diffiniad dau.
Mae ffenomen AMSER **yn bodoli** yn annibynnol ar **ymwybyddiaeth**.

Diffiniad tri.
ffenomen AMSER yn **nodwedd** o'r UN GWIRIONEDD ANFANTOL.

Diffiniad pedwar.
Mae "Cyfwng Amser" yn **swm** o AMSER.

Diffiniad pump.
swm penodol o AMSER yn perthyn i AMSER **ansawdd sengl**

Diffiniad chwech.
Mae diffinio **ansawdd** AMSER yn gonfensiwn.

Diffiniad saith.
Mae pob digwyddiad yn **ffenomen** sy'n meddu **ar hanfod**

Mae'r amgylchedd diffiniad yn angenrheidiol ar gyfer dadansoddi'r ffenomen AMSER. Caniateir i'r amgylchedd diffiniad gael ei newid, neu'n gwbl wahanol, sy'n gonfensiwn newydd.
Ond rhaid iddo fod yn bresennol ar ddechrau pob dadansoddiad.
Os na, mae'r dadansoddiad yn amhosibl.

8. ESBONIADAU I'R AMGYLCHEDD DIFFINIAD.

I ddiffinio un.
categori athronyddol AMSER yn dynodi **ffenomen** AMSER.

Eglurhad:
Yng ngwyddoniaeth Athroniaeth mae cysyniadau sylfaenol pwysig a elwir yn **gategorïau**. Mae'r cysyniad o AMSER yn *gategori athronyddol*. Mae'r cysyniad o **ffenomen** yn gategori athronyddol sy'n perthyn i'r system Rhesymeg Dilechdidol. Mae Rhesymeg Dilechdidol yn rhan o wybodaeth athronyddol sy'n diffinio datblygiad Ysbryd absoliwt (gweler Hegel "Phenomenology of Spirit")

I ddiffinio dau.
Mae ffenomen AMSER **yn bodoli** yn annibynnol ar **ymwybyddiaeth**.

Eglurhad:
Pan ac os bydd **ymwybyddiaeth** yn diflannu, bydd AMSER yn parhau i **fodoli**. Mae cysyniadau **ymwybyddiaeth** a **bodolaeth** yn gategorïau athronyddol a ddiffinnir yn Theori Myfyrio. Mae damcaniaeth myfyrdod yn rhan o wybodaeth athronyddol sy'n ymdrin ag astudio MYFYRIO fel **prif eiddo'r** UN ACTAU ANFANTOL. Eiddo MYFYRDOD yw yr achos o DDATBLYGIAD YSBRYD A MATERION CYFAN. Mewn Athroniaeth gwyddor, dynodir prif eiddo **y peth** gan **briodoledd categori**. Pa bryd ac os

tynnir **y peth o'r briodoledd, y mae y peth** yn peidio â **bod**.
Mae'r categori athronyddol **yn bodoli**, mae'n perthyn i'r Theori Myfyrio (Gweler y Rhyngrwyd, Academydd Todor Pavlov "Theori Myfyrio").
Mae bodolaeth vingi mewn GOFOD ac mewn AMSER.
Mae'r cysyniadau GOFOD, MATER, YSBRYD ABSOLUTE yn gategorïau o athroniaeth.
Mae'r categori GWIRIONEDDOL UNIGRYW ANFINITE yn dynodi'r llu anfeidrol o **wrthrychau** a **phynciau** (gweler " Amser . Gofod . Symud . Gorffwys . Perthnasedd . Absolute " tŷ cyhoeddi Lambert 2018 "). Mae cysyniadau **gwrthrych** a **phwnc** yn gategorïau athronyddol sy'n cael eu dadansoddi, eu diffinio, ac sy'n perthyn i Ddamcaniaeth Myfyrio.
Mae'r categorïau **rhywbeth** a **dim byd** yn perthyn i'r system Dialectig.

I ddiffinio tri.
ffenomen AMSER yn **nodwedd** o'r UN GWIRIONEDD ANFANTOL.

Eglurhad:
priodoledd y categori athronyddol yn dynodi eiddo na ellir ei adennill. Mae gan bob **ffenomen** briodwedd anadferadwy. Yr wyf eisoes wedi dweud pan fydd yr eiddo di-alw'n cael ei dynnu oddi wrth **y ffenomen** , **mae'r ffenomen** yn peidio â **bodoli** . Pan dynnir y briodoledd AMSER i ffwrdd oddi wrth yr UN GWIRIONEDD ANFANTOL, mae'r UNIG ACTION ANFERTH yn peidio â bod.

I ddiffinio pedwar.
Mae "Cyfwng Amser" yn **swm** o AMSER.

Eglurhad:
Mae "Cyfwng Amser" yn cael ei fesur gyda dyfais mesur AMSER. Mae dyfais mesur AMSER yn mesur **swm o** amser. Cloc yw'r enw ar ddyfais mesur AMSER. **Mae swm** y clociau **posibl** , yn y REALITI ONE FINITE, yn anfeidrol fawr.

I ddiffiniad pump.
swm penodol o AMSER yn perthyn i AMSER **ansawdd sengl**

Eglurhad:
Mae'r math AMSER wedi'i ddiffinio'n **ansoddol** AMSER.
Er enghraifft, mae AMSER cymharol yn AMSER **ansawdd**, mae **AMSER absoliwt yn AMSER o ansawdd** arall, mae AMSER corfforol Einstein yn AMSER **ansawdd**, AMSER rhesymegol yw **ansawdd**. Gellir rhestru mwy...

I ddiffiniad chwech.
Mae diffinio **ansawdd** AMSER yn gonfensiwn.

Esboniadau:
Ym 1898, cyhoeddodd Poincaré erthygl. ("Amser mesur.") « Revue de Metaphysique et de Morale» (1898, t. VI, t. 1 -13).

Mae hwn yn ddadansoddiad gwych o'r problemau sy'n codi wrth bennu ffyrdd o fesur amser. Yn y broses ddadansoddi, mae Poincaré yn archwilio rheolau amrywiol y gellir eu defnyddio, ac yn dod i ddau gasgliad hanfodol:

"Yn y drafodaeth hon hoffwn dynnu sylw at ddau bwynt.
1. Mae'r rheolau cymwys yn eithaf amrywiol.
2. Mae'n anodd gwahanu'r broblem ansoddol o gydamseroldeb oddi wrth y broblem feintiol o fesur amser'.

Yn y flwyddyn bell 1898, mae'r hyn a ddywedodd Poincaré yn wir broffwydoliaeth o'r hyn sy'n digwydd yn awr, yn y flwyddyn 2022. Mae Poincaré yn dangos y problemau sy'n codi wrth astudio ffenomen AMSER. Mae'r rhain yn broblemau sy'n atal datblygiad ffiseg a phob gwyddoniaeth fodern.

A phan fydd Poincaré unwaith eto yn archwilio cyfnodau o amser, mae'n dweud:

"Rhaid i ni ddod i'r casgliad canlynol. Ni allwn benderfynu'n uniongyrchol trwy reddf naill ai ar yr un pryd neu ar gydraddoldeb dau ysbeidiau amser. Os credwn fod gennym y fath reddf, yr ydym wedi ein twyllo. Rydyn ni'n ei ddisodli gyda rhai rheolau rydyn ni bron bob amser yn eu defnyddio heb sylweddoli hynny."

Dywedodd Poincaré hyn yn 1898! Roedd hyn wyth mlynedd

cyn 1905, pan gyhoeddodd Einstein ei bapur cyntaf ar Theori Perthnasedd (" Zur elektrodynamik symudwr K ö rper "). Yn yr erthygl hon, dechreuodd Einstein feddwl am ysbaid amser, a cheisiodd greu diffiniad o gyfwng amser. Ond ni lwyddodd Einstein. Fy marn bersonol i yw bod Poincaré yn gwybod llawer mwy nag Einstein. Roedd Poincaré yn ymwybodol iawn o'r problemau i'w datrys wrth ddadansoddi ffenomen AMSER. Y wybodaeth hon a rwystrodd Poincaré rhag creu Damcaniaeth Perthnasedd y ffordd y creodd Einstein y ddamcaniaeth. Roedd gan Einstein ddealltwriaeth reddfol o ffenomen TIME.

Ac yn union am y rheswm hwn, yn ôl Poincaré, rhaid disodli gwybodaeth reddfol o amser gan reolau ar gyfer mesur amser. **Pan fydd rheolau mesur amser yn ymddangos, yna mae confensiwn** ansawdd AMSER yn ymddangos.

Diffiniadau yw rheolau, parth diffiniadol yw confensiwn. Mae'r ardal diffiniad yn diffinio AMSER ansawdd. Rhaid i'r rheolau a gyflwynir yn y confensiwn fodloni gofynion penodol.

Dyma eiriau Poincaré:

"Beth yw hanfod y rheolau hyn?
Nid oes rheol gyffredinol. Defnyddir llawer o reolau preifat ym mhob achos penodol. Nid yw'r rheolau hyn yn cael eu gosod arnom, a gallwn ddyfeisio eraill. Ond ni ellir eu newid pan fyddant yn cymhlethu ffurfio deddfau corfforol, deddfau mecaneg a seryddiaeth. Felly, rydym yn dewis y rheolau hyn nid oherwydd eu bod yn wir, ond oherwydd eu bod yn fwyaf cyfleus, a gallwn grynhoi fel a ganlyn:

Rhaid penderfynu ar gydamseredd dau ddygwyddiad, neu drefn eu holyniaeth, trwy gydraddoldeb dau barhad, fel y byddo ffurfiad deddfau naturiol mor syml ag y gellir. Mewn geiriau eraill, dim ond ffrwyth cytundebau anymwybodol yw'r holl reolau hyn, yr holl ddiffiniadau hyn.

Fwy na chan mlynedd yn ôl, creodd Poincaré raglen ar gyfer datblygu damcaniaethau am ffenomen AMSER yn y dyfodol. Rhaid defnyddio'r raglen hon nawr. Rwy'n cytuno â dadansoddiad Poincaré ac yn rhannu ei syniadau ar ddatblygiad gwyddoniaeth sy'n astudio ffenomen AMSER. Mae dadansoddiadau Poincaré yn cynnwys gwefr hewristig enfawr. Mae'r rhain yn syniadau arweiniol y mae'n rhaid i ni sy'n dadansoddi'r ffenomen AMSER eu dilyn.

I ddiffiniad saith.
Mae pob digwyddiad yn **ffenomen** sy'n meddu ar **hanfod**.

Eglurhad:
Yn yr erthygl " Zur elektrodynamik symudwr K ö rper " a ysgrifennwyd ym 1905, cyflwynodd Albert Einstein y term "cyd-ddigwyddiad o ddigwyddiadau" ac awgrymodd y dylid ei ddefnyddio i ddiffinio cydamseredd digwyddiadau. Dyma beth mae'n ei ddweud:

"Os yw cloc wedi'i leoli ar bwynt A yn y gofod, yna gall yr arsylwr, sydd wedi'i leoli yn A, bennu amser digwyddiadau yng nghyffiniau agos A trwy ofyn am gyd-ddigwyddiad lleoliadau dwylo'r cloc sydd ar yr un pryd. gyda'r digwyddiadau hyn."

Deellir o'r testun bod Einstein yn ceisio **sefydlu amser digwyddiadau** sydd wedi'u lleoli ger cloc A yn ôl lleoliad dwylo'r cloc. Mae'r dyfarniad a wnaed gan Einstein yn eithaf greddfol, nid yw'n glir, ac mae angen ei ddadansoddi ymhellach.
Soniodd Einstein am nifer o ddigwyddiadau sy'n digwydd yng nghyffiniau cloc. Mae pob un o'r digwyddiadau hyn yn cyd-fynd â lleoliad dwylo'r cloc. Ni nododd Einstein, yn yr achos hwn, fod "safle dwylo'r cloc" yn cynrychioli digwyddiad sy'n digwydd. Ond wedyn, mae'r rhain yn ddau ddigwyddiad, o ddau ddigwyddiad annibynnol sy'n cyd-daro. Mae hyn yn rhoi rheswm i Einstein eu galw ar yr un pryd. Yna, mae cyd-ddigwyddiad o leiaf ddau ddigwyddiad, ac un ohonynt yw lleoliad dwylo **un** cloc, yn diffinio o leiaf un eiliad mewn amser. Mae hwn yn syniad da iawn o Einstein, y byddwn yn ei ddefnyddio drwy'r amser. Ac yna, mae digwyddiadau'n **ymddangos** (mae ffenomen yn ymddangos), gyda **hanfod** sy'n gyd-ddigwyddiad. Mae gan y digwyddiad 'safle

cloc' werth rhifol. Mae'r gwerth rhifiadol yn ymddangos yn y cloc, ac yn cael ei neilltuo i'r digwyddiad "sefyllfa dwylo cloc". Mae gan y ddau ddigwyddiad, sef dau **ffenomen**, yr un **hanfod**, sy'n cael ei ddynodi fel cyd-ddigwyddiad.

Ac yna mae gan y cyd-ddigwyddiad yr un gwerth rhifiadol penodol, ac fe'i gelwir **yn foment o amser**.

Fe'i dynodir fel arfer gan T_n neu t_n, lle, $n = 0,1,2,3,....\infty$

eiliad mewn amser bob amser naill ai'n ddechrau neu'n ddiwedd rhyw **ysbaid amser**. Caniateir i naill ai dechrau neu ddiwedd y **cyfwng amser pendant** fod yn anhysbys, ac yna nid yw'r ymchwilydd yn gwneud sylwadau ar y diwedd neu'r dechrau.

9. DIWEDDGLO

Gall rhywun ddweud nad yw'r hyn yr wyf wedi'i ysgrifennu mor bwysig, ac mae Perthnasedd Arbennig yn gywir.
Byddaf yn dadlau yn fyr iawn:
Mae Perthnasedd Arbennig yn ddamcaniaeth o amser corfforol. Diffiniwyd amser corfforol gan Einstein. Mae amser corfforol yn gymharol. Mae dull Einstein yn defnyddio mynegiant mathemategol syml:

$$t_B - t_A = t'_A - t_B$$

Trwy'r ymadrodd hwn, diffiniodd Einstein y cysyniad o *"cyfwng amser"*.
Mewn Perthnasedd Arbennig, mae " *cyfwng amser* " yn dod yn " *amser corfforol* " . Pan fo amheuaeth bod **y cyfwng amser** yn anghywir, mae'n golygu bod amser corfforol yn anghywir a bod Perthnasedd Arbennig yn anghywir.

www.ingramcontent.com/pod-product-compliance
Lightning Source LLC
Chambersburg PA
CBHW070305220526
45465CB00004B/1760